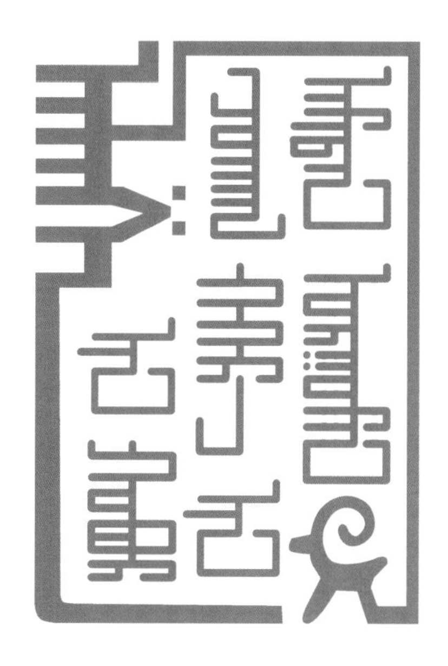

阿拉善
珍稀濒危野生动植物

内蒙古自治区环境监测总站阿拉善分站　组编
王芳　达来　布日古德 等　编著

科 学 出 版 社
北 京

内 容 简 介

本书由阿拉善珍稀濒危野生动物和植物两部分内容组成。阿拉善珍稀濒危野生动物部分，介绍了阿拉善地区分布的92种国家级珍稀濒危及重点保护野生动物的分类地位、保护和濒危等级、特有性、致危因素、本区分布与种群数量状况，同时附有鉴别每种动物的清晰图片；阿拉善珍稀濒危野生植物部分，介绍了17种阿拉善地区分布的国家重点保护野生植物和74种地方珍稀濒危植物的分类地位、保护和濒危等级、特有性、致危因素、保护价值、本区分布与种群数量状况，同时附有鉴别每种植物植株、枝、叶、花、果实形态特征的清晰图片。

本书作为国家和地方生物多样性保护工作成果的集中展示，是辨识区域珍稀濒危动植物的重要工具书，对野生动植物保护、管理、执法和科研具有指导意义，对国家和地方层面进行生物多样性红色名录和重点保护物种名录的确定、调整具有参考价值，对普通民众了解阿拉善地区珍稀濒危保护物种有极大的帮助。

图书在版编目（CIP）数据

阿拉善珍稀濒危野生动植物 / 内蒙古自治区环境监测总站阿拉善分站组编；王芳等编著. — 北京：科学出版社，2022.6

ISBN 978-7-03-072345-1

Ⅰ. ①阿… Ⅱ. ①内… ②王… Ⅲ. ①野生动物 – 濒危动物 – 介绍 – 阿拉善盟 ②野生植物 – 濒危植物 – 介绍 – 阿拉善盟 Ⅳ. ①Q958.522.62 ②Q948.522.62

中国版本图书馆CIP数据核字(2022)第087074号

责任编辑：李　悦　王　好 / 责任校对：杨　赛
责任印制：肖　兴 / 书籍设计：北京美光设计制版有限公司

科学出版社 出版
北京东黄城根北街16号
邮政编码：100717
http://www.sciencep.com

北京中科印刷有限公司 印刷

科学出版社发行　各地新华书店经销

*

2022年6月第　一　版　开本：889 × 1194　1/16
2022年6月第一次印刷　印张：13　3/4
字数：446 000

定价：220.00元

（如有印装质量问题，我社负责调换）

编著委员会

顾问

杨贵生　赵利清

主任

王芳　达来　布日古德

副主任

吴八一　哈斯乌拉　王晓雪

编著者

马云　马宁　王红　王英　王晓勤　王海琴
田俊灵　朱瑾　任瑞芳　齐志超　苏云　苏龙嘎
李晋　李静　李培龙　李梅秀　李德军　何立山
沈梦兰　张红霞　张海霞　陈成贺日　周东　周芸
周建秀　金海　唐克斯　陶格日勒　萨仁其其格
曹原　塔娜　曾海偶　满峰浩　潘明

主要拍摄者

达来　王志芳　陶格日勒

前言

野生动植物是生物多样性重要组成部分，是生态平衡的基石，是人类生存发展不可或缺的重要资源。

阿拉善地区分布有400余种野生脊椎动物，1000余种野生维管植物。该地区总体属于荒漠生态系统，特殊的自然地理条件和独特的地貌造就了一些特色、特有或珍稀的动植物类群，且这些物种易受到威胁。

20世纪下半叶，由于乱捕滥猎、乱砍滥伐、过度采挖、土地开垦、过度放牧、水资源的过度利用等人类活动的加剧，加之受干旱、风沙、病虫害等自然因素影响，阿拉善地区野生动植物损失严重。例如，阿拉善地区原有约17 000 km^2梭梭林，至20世纪末仅剩约7000 km^2梭梭残林。胡杨林分布面积由新中国成立之初的500 km^2减少到20世纪末的不足260 km^2。20世纪60年代以前，黑河下游终端的西居延海（1958年水域面积为267 km^2）和东居延海（1959年水域面积达53 km^2）是阿拉善地区野生动物的重要栖息地，无数鸟类悠然地游弋在湖面上，蒙古野驴*Equus hemionus*、野骆驼*Camelus ferus*、猞猁*Lynx lynx*、鹅喉羚*Gazella subgutturosa*等动物经常游荡在湖边，而20世纪60年代以后，由于黑河入湖流量锐减，西居延海和东居延海相继干涸，多种动植物也随之消失。贺兰山一直是阿拉善地区生物多样性最为丰富的地区，20世纪下半叶生物多样性也出现严重退化。例如，由于乱捕滥猎，马麝*Moschus chrysogaster*由20世纪50年代的近2万只下降至21世纪初的不足100只；再如，俗称“山沉香”的贺兰山丁香*Syringa pinnatifolia* var. *alashanensis*因被过度采伐，在20世纪下半叶急剧减少，陷入即将灭绝的险境。

自21世纪以来，我国各级政府不断加大生物多样性保护力度，出台多项法律法规，积极开展野生动植物保护及栖息地修复，阿拉善地区野生动物植物保护工作取得显著成效。例如，阿拉善地区胡杨林由260 km^2增加到300 km^2，天然梭梭林恢复到约9600 km^2，胡杨和梭梭不再是濒危植物。黑河水进入居延海的水量明显增加，干涸多年的东居延海在黑河水的润泽下，生物多样性也逐步恢复，鸟飞鱼游、水草丰美的景象再现。贺兰山国家级自然保护区建立至今的20多年间，岩羊*Pseudois nayaur*种群数量由20世纪90年代的1.5万只左右增加到21世纪初的4.5万只左右；马鹿*Cervus canadensis*种群数量由20世纪90年代的1500只左右增加到21世纪初的7000只左右。

目前，从阿拉善地区整体看，生物多样性急剧下降趋势初步得到遏制。但随着经济社会快速发展，生物多样性保护与社会发展的矛盾依然存在，对生物多样性的威胁因素并未彻底消除。例如，过度采挖野生药用植物、水资源的不合理利用等人为威胁依然存在。气候变化、干旱、风沙、虫鼠害等自然因素仍然威胁着阿拉善生物多样性。此外，阿拉善地区对珍稀濒危动植物种群数量、空间分布现状和濒危保护等级分类编目等基础调查研究还较少，缺少对珍稀濒危动植物辨识的系统性专业书籍和技术指导，一些珍稀濒危野生动植物保护还存在空缺，导致部分珍稀濒危野生动植物种类及生境栖息地未能有效保护。因此，阿拉善地区的生物多样性保护工作依然任重道远，珍稀濒危物种的保护工作亟待加强。

鉴于此，内蒙古自治区环境监测总站阿拉善分站（原内蒙古自治区阿拉善生态环境监测站）在对生物多样性多年调查的基础上，整理、编写了《阿拉善珍稀濒危野生动植物》一书。

本书由阿拉善珍稀濒危野生动物和阿拉善珍稀濒危野生植物两部分内容组成。阿拉善珍稀濒危野生动物的物种确定依据为《国家重点保护野生动物名录》（2021）和《中国生物多样性红色名录：脊椎动物》（2021）[①]；阿拉善珍稀濒危野生植物的物种确定依据为《国家重点保护野生植物名录》（2021）、《中国高等植物受威胁物种名录》（2017）及《中国生物多样性红色名录——高等植物卷》（2013），同时参考《IUCN物种红色名录濒危等级和标准3.1版》和《IUCN物种红色名录标准在地区水平的应用指南4.0版》的评估等级标准对阿拉善地方珍稀濒危植物进行了评估。

随着生物多样性保护力度的不断加强、物种受威胁程度的不断变化、科学调查研究的不断深入，以及世界级或国家级评估标准的陆续更新，物种评估等级和保护级别也在持续修订中。因此，本书仅代表对阿拉善地区生物多样性和生态保护工作的一个阶段性总结。本书既是国家和地方生物多样性保护工作的成果展示，也是辨识区域珍稀濒危动植物的重要工具书，对野生动植物保护、管理、执法和科研人员具有指导意义，对国家和地方层面进行生物多样性红色名录和重点保护物种名录的确定、调整具有参考价值，对普通民众了解阿拉善地区珍稀濒危保护物种有极大的帮助。

本书编写过程中，得到了各级领导、各界专家以及摄影爱好者的热心指导和帮助，促成本书顺利完成。借本书出版之际，向所有为本书出版做出贡献的人士表示衷心的感谢！感谢阿拉善盟生态环境局和内蒙古珊瑚环保技术有限公司在动物图片方面对本书予以的大力支持。由于珍稀濒危物种的自身特征，采集每个物种的图片难度极大，书中图片出自10余名动植物专家及摄影者，许多图片极其珍贵，为此非常感谢为本书提供图片的所有者。特别感谢杨贵生教授（内蒙古大学）、赵利清教授（内蒙古大学）、杨永教授（南京林业大学）、刘冰副研究员（中国科学院植物研究所）的专业技术指导和帮助，《阿拉善鸟类图鉴》主编王志芳女士对鸟类照片的征集给予了极大帮助，内蒙古贺兰山国家级自然保护区管理局徐建国对贺兰山部分植物信息的提供给予了帮助。

受编著者工作条件的限制和自身水平局限，不足之处在所难免，切望得到各位专家、学者和读者的批评指正。

编著者

2022年4月

① 《中国生物多样性红色名录：脊椎动物》（2021）指由科学出版社于2021年出版的图书《中国生物多样性红色名录 脊椎动物 第一卷 哺乳动物（上中下）》《中国生物多样性红色名录 脊椎动物 第二卷 鸟类》《中国生物多样性红色名录 脊椎动物 第三卷 爬行动物（上册）》《中国生物多样性红色名录 脊椎动物 第五卷 淡水鱼类（下册）》。

编写说明

一、阿拉善珍稀濒危野生动植物的确定依据

1. 阿拉善珍稀濒危野生动物的确定依据

（1）《国家重点保护野生动物名录》（2021）中的阿拉善地区分布种。

（2）《中国生物多样性红色名录：脊椎动物》（2021）中极危（CR）、濒危(EN）、易危(VU）的阿拉善地区分布种。

2. 阿拉善珍稀濒危野生植物的确定依据

（1）国家重点保护野生植物：《国家重点保护野生植物名录》（2021）中的阿拉善地区分布种。

（2）阿拉善地方珍稀濒危野生植物：未列入《国家重点保护野生植物名录》（2021）但在阿拉善地区受威胁的珍稀濒危野生植物。

阿拉善地方珍稀濒危植物的确定原则：一是未列入《国家重点保护野生植物名录》（2021）但在《中国高等植物受威胁物种名录》（2017）和《中国生物多样性红色名录——高等植物卷》（2013）中极危（CR）、濒危(EN）、易危(VU）的阿拉善地区分布种；二是种群数量极少、分布范围狭窄的阿拉善特有种或近特有种，如阿拉善沙拐枣*Calligonum alaschanicum*、阿拉善银莲花*Anemone alaschanica*、贺兰山延胡索*Corydalis alaschanica*等；三是分布在阿拉善边缘地带且个体数量极少，同时在阿拉善本区外的分布也较为局限的植物，如祁连圆柏*Juniperus przewalskii*、泡果沙拐枣*Calligonum calliphysa*、戈壁短舌菊*Brachanthemum gobicum*、鲜卑花*Sibiraea laevigata*等；四是具有重要生态、经济、文化、科研价值的，并且种群数量急剧减少、趋于濒危的植物，如裸果木*Gymnocarpos przewalskii*、长叶红砂（黄花红砂）*Reaumuria trigyna*、盐生肉苁蓉*Cistanche salsa*等。

二、物种信息

1. 动物的物种信息

名称：本书中动物中文名、拉丁名、英文名、分类地位均参考《中国生物多样性红色名录：脊椎动物》（2021）；蒙文名参考《内蒙古动物志》，同时增加当地的别称。

物种排序：纲按硬骨鱼纲、爬行纲、鸟纲、哺乳纲的顺序排列。各纲的物种参考《国家重点保护野生动物名录》（2021）的顺序排列。

保护和濒危等级：保护和濒危等级引用了《国家重点保护野生动物名录》（2021）的保护等级、《中国生物多样性红色名录：脊椎动物》（2021）的评估等级、《世界自然保护联盟濒危物种红色名录》（2021）（《IUCN红色名录》）的评估等级、《濒危野生动植物种国际贸易公约》（2019）（CITES）附录Ⅰ、Ⅱ、Ⅲ的等级。

致危因素：列出了每种动物的致危因素。

本区分布：以旗（县）为单位列出每种动物在阿拉善的分布。鸟类增加了居留类型，分为留鸟（R）、夏候鸟（S）、冬候鸟（W）、旅鸟（P）和迷鸟（V）5种，各类型含义和代码如下。

留鸟（resident，R）：全年在该地理区域内生活，春秋不进行长距离迁徙的鸟类。

夏候鸟（summer visitor，S）：春季迁徙来此地繁殖，秋季再向越冬区南迁的鸟类。

冬候鸟（winter visitor，W）：冬季来此地越冬，春季再向北方繁殖区迁徙的鸟类。

旅鸟（passage migrant，P）：春秋迁徙时旅经此地，不停留或仅有短暂停留的鸟类。

迷鸟（vagrant visitor，V）：迁徙时偏离正常路线而到此地栖息的鸟类。

种群数量状况：根据动物被观测到的次数多少描述种群数量状况，种群数量由多到少依次描述为多见、常见、少见、稀见、罕见。

2. 植物的物种信息

名称：植物中文名、拉丁名和分类地位均参考《中国植物志》和《内蒙古植物志》（第三版），个别植物新修订的中文名和拉丁名参考《中国生物物种名录》2021版（http://www.sp2000.org.cn）；蒙文名参考《内蒙古植物志》（第三版），常见植物增加了当地的别称。

物种排序：阿拉善地区分布的国家重点保护野生植物按保护级别先后顺序排列。阿拉善地方珍稀濒危植物按濒危等级程度由高到低排列，依次为区域灭绝、极危、濒危、易危。同一保护级别或受威胁等级植物排列顺序为：裸子植物按克氏系统（Christenhusz *et al.*，2011）排列，被子植物按APG Ⅳ分类系统排列，属和种按字母的顺序排列。

保护和濒危等级：阿拉善地区分布的国家重点保护野生植物列出了其在《国家重点保护野生植物名录》（2021）的保护级别和《中国高等植物受威胁物种名录》（2017）的受威胁等级。①阿拉善地方珍稀濒危植物列出了《中国生物多样性红色名录——高等植物卷》（2013）中的评估等级，尚未列入上述名录中的植物，该分类群列为未予以评估（not evaluated，NE）；②参考《IUCN物种红色名录濒危等级和标准3.1版》和《IUCN物种红色名录标准在地区水平的应用指南4.0版》的评估等级标准对阿拉善地方珍稀濒危植物受威胁等级进行评估。评估等级分为灭绝（extinct，EX）、野外灭绝（extinct in the wild，EW）、地区灭绝（regional extinct，RE）、极危（critically endangered，CR）、濒危（endangered，EN）、易危（vulnerable，VU）、近危（near threatened，NT）、无危（least concern，LC）、数据缺乏（data deficient，DD）。其中极危（CR）、濒危（EN）、易危（VU）3个等级均归入受威胁等级。当某一物种符合表Ⅰ中（A～E）标准时，该分类物种即被列为相应的受威胁等级。如果根据不同标准评定的受威胁等级不同，则该物种应被置于风险最高的受威胁等级。各等级的含义和评估标准如下。

灭绝（EX）：如果没有理由怀疑一分类单元的最后一个个体已经死亡，即认为该分类单元已经灭绝。

野外灭绝（EW）：如果已知一分类单元只生活在栽培、圈养条件下或者只作为归化种群生活在远离其过去的栖息地时，即认为该分类单元属于野外灭绝。

地区灭绝（RE）：如果没有理由怀疑一分类单元在某一地区内的最后一个个体已经死亡，即认为该分类单元已经地区灭绝。

极危（CR）：当一分类单元的野生种面临即将灭绝的概率非常高，即符合表Ⅰ中（A～E）任何一条极危标准时，该分类单元即列为极危。

濒危（EN）：当一分类单元未达到极危标准，但是野生种群在不久的将来面临灭绝的概率很高，即符合表Ⅰ中（A～E）任何一条濒危标准时，该分类单元即列为濒危。

易危（VU）：当一分类单元未达到极危或者濒危标准，但是在未来一段时间后，其野生种群面临灭绝的概率较高，即符合表Ⅰ中（A～E）任何一条易危标准时，该分类单元即列为易危。

近危（NT）：当一分类单元未达到极危、濒危或易危标准，但在未来一段时间内，接近符合或可能符合受威胁等级，该分类单元即列为近危。

无危（LC）：当一分类单元被评估未达到极危、濒危、易危或近危标准，该分类单元即列为无危。广泛分布和种类丰富的分类单元都属于该等级。

数据缺乏（DD）：当缺乏足够的信息对一分类单元的灭绝风险进行直接或间接的评估时，那么这个分类单元属于数据缺乏。

表Ⅰ　IUCN红色名录受威胁等级评估标准

A. 种群数量减少			
	极危（CR）	濒危（EN）	易危（VU）
A1. 种群数量减少比例	≥ 90%	≥ 70%	≥ 50%
A2 ～ A4. 种群数量减少比例	≥ 80%	≥ 50%	≥ 30%
A1. 过去 10 年或 3 个世代内种群减少的比例，其减少的原因是可逆的且被理解和已经停止的 A2. 观察、估计、推断或猜测到在过去 10 年或 3 个世代内（取更长的时间）已经发生种群下降，这些种群下降的原因可能不会停止，或不被理解，或不可逆 A3. 预期、推断或猜测到未来将会发生的种群下降（时间上限为 100 年） A4. 观察、估计、推断、预测或怀疑的种群减少，其时间周期必须包括过去和未来（未来时间上限 100 年），并且这些种群下降的原因可能不会停止，或不被理解，或不可逆	基于 a ～ e 任意一方资料		a. 直接观察 b. 适合该分类单元的丰富度指数 c. 占有面积减少，分布范围减少和（或）栖息地质量下降 d. 实际的或潜在的开发水平 e. 外来物种、杂交、病原体、污染物、竞争者或寄生物的影响
B. 分布范围或占有面积小、衰退或波动			
	极危（CR）	濒危（EN）	易危（VU）
B1. 分布范围	< 100 km²	< 5 000 km²	< 20 000 km²
B2. 占有面积	< 10 km²	< 500 km²	< 2 000 km²
且以下 3 个条件至少满足 2 个			
a. 生境严重破碎化或原分布地点数	=1	≤ 5	≤ 10
b. 以下任意方面持续下降	（ⅰ）分布范围，（ⅱ）占有面积，（ⅲ）栖息地面积、范围和（或）质量，（ⅳ）分布点或亚种群数，（ⅴ）成熟个体数		
c. 以下任何一方面极度波动	（ⅰ）分布范围，（ⅱ）占有面积，（ⅲ）分布地点数或亚种群数，（ⅳ）成熟个体数		
C. 种群数量小且在衰退			
	极危（CR）	濒危（EN）	易危（VU）
种群成熟个体数	< 250	< 2500	< 10 000
且至少满足 C1 或 C2 其一			
C1. 观察、估计或预期的持续下降的最小比例（未来时间上限 100 年）	3 年或 1 个世代内持续下降至少 25%	5 年或 2 个世代内持续下降至少 20%	10 年或 3 个世代内持续下降至少 10%
C2. 观察、估计或预测的持续下降，且符合 a 和（或）b			
a.（ⅰ）每个亚种群成熟个体数	< 50	< 250	< 1 000
a.（ⅱ）一个亚种群个体数占总数的百分比	90% ～ 100%	95% ～ 100%	100%
b. 成熟个体数量极度波动			

续表

D. 种群数量极小或分布范围局限			
	极危（CR）	濒危（EN）	易危（VU）
D1. 种群成熟个体数	< 50	< 250	< 1 000
D2. 种群的占有面积或者地点数目有限，容易受到人类活动的影响，在未来很短时间内有可能走向极危或绝灭的威胁（仅适用于易危等级）	—	—	种群占有面积 < 20 km^2 或分布地点数 ≤ 5
E. 定量分析			
	极危（CR）	濒危（EN）	易危（VU）
使用定量模型评估野外灭绝的概率	≥ 50%（未来 10 年或 3 个世代内）	≥ 20%（未来 20 年或 5 个世代内）	≥ 10%（未来 100 年内）

特有性：列出了每种植物的中国分布特有性和地理区域分布特有性。

致危因素：列出了每种植物在阿拉善地区的致危因素。

保护价值：列出了每种植物的科研、生态、经济、文化等保护价值。

本区分布：列出了每种植物的阿拉善地区分布范围窄广程度、分布区域数量和具体分布区域。分布范围描述为极狭窄、狭窄、局限、广泛，定义见表Ⅱ。

表Ⅱ　本区分布范围描述分级及定义

描述	极狭窄	狭窄	局限	广泛
面积（km^2）	< 10	< 100	< 5 000	< 20 000

分布区域数量为种群在地理或生态上相对独立的分布区域数，如贺兰山、龙首山、雅布赖山、马鬃山、狼山余脉、黑河流域、腾格里沙漠、巴丹吉林沙漠等分别代表一个分布区域。

种群数量状况：每种植物在阿拉善地区的种群个体数量按稀少程度依次描述为极少、稀少、较少、少，定义见表Ⅲ。

表Ⅲ　本区种群数量描述规范及定义

描述	极少	稀少	较少	少
定义	成熟个体数 < 250株或S < 10 km^{2}且稀见	S < 100 km^{2}且稀见	S < 100 km^{2}且多见或100 km^2 ≤ S < 5000 km^{2}且少见	100 km^2 ≤ S < 5000 km^{2}且多见或5000 km^2 ≤ S < 20 000 km^{2}且少见

注：S为分布区面积

三、物种图片来源

本书所用动植物图片绝大部分为在阿拉善地区拍摄的照片，个别物种图片在阿拉善地区尚未拍摄到，故引用了其他拍摄者在阿拉善地区外拍摄的照片。阿拉善苜蓿*Medicago alaschanica*采用手绘彩图。

第一章　概述

第二章　阿拉善珍稀濒危野生动物

哺乳纲Mammalia

第三章　阿拉善珍稀濒危野生植物

国家重点保护野生植物

阿拉善地方珍稀濒危植物

第1章

概 述

1.1 阿拉善珍稀濒危及重点保护野生动物的现状

阿拉善地区总体属于荒漠生态系统，动物种类相对贫乏，但仍有一些特色或珍稀的动物类群，且易受到威胁。

根据资料和实地调查，硬骨鱼纲Osteichthyes、两栖纲Amphibian、爬行纲Reptilia动物在阿拉善地区分布的国家级重点保护野生动物有1种，是爬行纲的红沙蟒（沙蟒）*Eryx miliaris*；列入《中国生物多样性红色名录：脊椎动物》（2021）易危（VU）等级物种有2种，分别为硬骨鱼纲的河西叶尔羌高原鳅（大鳍鼓鳔鳅）*Triplophysa yarkandensis macroptera*和爬行纲的红沙蟒（沙蟒）*Eryx miliaris*。

阿拉善地区珍稀濒危及重点保护哺乳动物有21种。列入《国家重点保护野生动物名录》(2021)的国家一级重点保护野生哺乳动物有雪豹*Panthera uncia*、荒漠猫*Felis bieti*、蒙古野驴*Equus hemionus*、野骆驼*Camelus ferus*、马麝*Moschus chrysogaster* 5种；国家二级重点保护野生哺乳动物有狼*Canis lupus*、马鹿*Cervus canadensis*、石貂*Martes foina*、北山羊*Capra sibirica*、戈壁盘羊*Ovis darwini*、岩羊*Pseudois nayaur*、猞猁*Lynx lynx*等14种。列入《中国生物多样性红色名录：脊椎动物》（2021）的受威胁哺乳动物有15种，其中极危（CR）4种、濒危（EN）7种、易危（VU）4种。列入CITES (2019)附录Ⅰ、附录Ⅱ的受威胁哺乳动物共有10种，其中附录Ⅰ有2种、附录Ⅱ有8种。

在阿拉善地区，珍稀濒危及重点保护鸟类有69种。列入《国家重点保护野生动物名录》（2021）的国家一级重点保护野生鸟类有14种，主要有黑鹳*Ciconia nigra*、大鸨*Otis tarda*、金雕*Aquila chrysaetos*、白尾海雕*Haliaeetus albicilla*、胡兀鹫*Gypaetus barbatus*、遗鸥*Ichthyaetus relictus*、草原雕*Aquila nipalensis*、秃鹫*Aegypius monachus*、猎隼*Falco cherrug*等；国家二级重点保护野生鸟类有55种，主要有白琵鹭*Platalea leucorodia*、雀鹰*Accipiter nisus*、高山兀鹫*Gyps himalayensis*、白尾鹞*Circus cyaneus*、蓝马鸡*Crossoptilon auritum*、纵纹腹小鸮*Athene noctua*等。国家二级重点保护野生鸟类中蓝马鸡*Crossoptilon auritum*和贺兰山红尾鸲*Phoenicurus alaschanicus*是中国的特有种。列入《中国生物多样性红色名录：脊椎动物》（2021）的受威胁鸟类有22种，其中极危（CR）1种、濒危（EN）10种、易危（VU）11种。列入CITES（2019）附录Ⅰ、附录Ⅱ的濒危鸟类有44种，其中附录Ⅰ有6种、附录Ⅱ有38种（表1-1）。

表1-1 阿拉善珍稀濒危及重点保护野生动物

纲	物种	保护等级[1]	中国生物多样性红色名录[2]		IUCN[3]	CITES[4]	特有性
			等级	标准			
硬骨鱼纲 Osteichthyes	河西叶尔羌高原鳅（大鳍鼓鳔鳅）*Triplophysa yarkandensis macroptera*	无	VU	A2cde	NE	—	黑河内流区特有种
爬行纲 Reptilia	红沙蟒（沙蟒）*Eryx miliaris*	二级	VU	A1b+2bcd+3cd	LC	—	—
鸟纲 Aves	暗腹雪鸡 *Tetraogallus himalayensis*	二级	NT	—	LC	—	—
	蓝马鸡 *Crossoptilon auritum*	二级	NT	—	LC	—	中国特有种
	鸿雁 *Anser cygnoid*	二级	VU	A3bcd	VU	—	—
	白额雁 *Anser albifrons*	二级	LC	—	LC	—	—
	疣鼻天鹅 *Cygnus olor*	二级	NT	—	LC	—	—

续表

纲	物种	保护等级[1]	中国生物多样性红色名录[2]		IUCN[3]	CITES[4]	特有性
			等级	标准			
鸟纲 Aves	小天鹅 *Cygnus columbianus*	二级	NT	—	LC	—	—
	大天鹅 *Cygnus cygnus*	二级	NT	—	LC	—	—
	鸳鸯 *Aix galericulata*	二级	NT	—	LC	—	—
	棉凫 *Nettapus coromandelianus*	二级	EN	C2a（ⅱ）	LC	—	—
	青头潜鸭 *Aythya baeri*	一级	CR	A2cd+3cd+4cd	CR	—	—
	斑头秋沙鸭 *Mergellus albellus*	二级	LC	—	LC	—	—
	角䴙䴘 *Podiceps auritus*	二级	NT	—	VU	—	—
	黑颈䴙䴘 *Podiceps nigricollis*	二级	LC	—	LC	—	—
	大鸨 *Otis tarda*	一级	EN	B2b（ⅲ）；C2b	VU	Ⅱ	—
	波斑鸨 *Chlamydotis macqueenii*	一级	EN	A2cd+3cd；C1	VU	Ⅰ	—
	蓑羽鹤 *Grus virgo*	二级	LC	—	LC	Ⅱ	—
	灰鹤 *Grus grus*	二级	NT	—	LC	Ⅱ	—
	半蹼鹬 *Limnodromus semipalmatus*	二级	NT	—	NT	—	—
	小杓鹬 *Numenius minutus*	二级	NT	—	LC	—	—
	白腰杓鹬 *Numenius arquata*	二级	NT	—	NT	—	—
	翻石鹬 *Arenaria interpres*	二级	LC	—	LC	—	—
	遗鸥 *Ichthyaetus relictus*	一级	EN	B1b（ⅲ）+1C（ⅲ）	VU	Ⅰ	—
	黑鹳 *Ciconia nigra*	一级	VU	C2a（ⅰ）	LC	Ⅱ	—
	白琵鹭 *Platalea leucorodia*	二级	NT	—	LC	Ⅱ	—
	卷羽鹈鹕 *Pelecanus crispus*	一级	EN	A2ce+3ce+4ce；D	NT	Ⅰ	—
	鹗 *Pandion haliaetus*	二级	NT	—	LC	Ⅱ	—
	胡兀鹫 *Gypaetus barbatus*	一级	NT	—	NT	Ⅱ	—
	凤头蜂鹰 *Pernis ptilorhynchus*	二级	NT	—	LC	Ⅱ	—
	高山兀鹫 *Gyps himalayensis*	二级	NT	—	NT	Ⅱ	—
	秃鹫 *Aegypius monachus*	一级	NT	—	NT	Ⅱ	—
	短趾雕 *Circaetus gallicus*	二级	NT	—	LC	Ⅱ	—
	靴隼雕 *Hieraaetus pennatus*	二级	VU	A2cd；C1	LC	Ⅱ	—
	草原雕 *Aquila nipalensis*	一级	VU	A2cd；C1+2b	EN	Ⅱ	—
	白肩雕 *Aquila heliaca*	一级	EN	A2bcde+3cde+4bcde	VU	Ⅰ	—
	金雕 *Aquila chrysaetos*	一级	VU	A2bcde+3bcde +4bcde；C2a（ⅰ）	LC	Ⅱ	—
	赤腹鹰 *Accipiter soloensis*	二级	LC	—	LC	Ⅱ	—
	日本松雀鹰 *Accipiter gularis*	二级	LC	—	LC	Ⅱ	—
	雀鹰 *Accipiter nisus*	二级	LC	—	LC	Ⅱ	—
	苍鹰 *Accipiter gentilis*	二级	NT	—	LC	Ⅱ	—
	白头鹞 *Circus aeruginosus*	二级	NT	—	LC	Ⅱ	—
	白腹鹞 *Circus spilonotus*	二级	NT	—	LC	Ⅱ	—
	白尾鹞 *Circus cyaneus*	二级	NT	—	LC	Ⅱ	—
	鹊鹞 *Circus melanoleucos*	二级	NT	—	LC	Ⅱ	—
	黑鸢 *Milvus migrans*	二级	LC	—	LC	Ⅱ	—
	玉带海雕 *Haliaeetus leucoryphus*	一级	EN	A2bcde+3cde+4bcde	EN	Ⅱ	—
	白尾海雕 *Haliaeetus albicilla*	一级	VU	C1	LC	Ⅰ	—
	毛脚鵟 *Buteo lagopus*	二级	NT	—	LC	Ⅱ	—

续表

纲	物种	保护等级[1]	中国生物多样性红色名录[2]		IUCN[3]	CITES[4]	特有性
			等级	标准			
鸟纲 Aves	大鵟 *Buteo hemilasius*	二级	VU	A2ac	LC	Ⅱ	—
	普通鵟 *Buteo japonicus*	二级	LC	—	LC	Ⅱ	—
	棕尾鵟 *Buteo rufinus*	二级	NT	—	LC	Ⅱ	—
	雕鸮 *Bubo bubo*	二级	NT	—	LC	Ⅱ	—
	纵纹腹小鸮 *Athene noctua*	二级	LC	—	LC	Ⅱ	—
	长耳鸮 *Asio otus*	二级	LC	—	LC	Ⅱ	—
	短耳鸮 *Asio flammeus*	二级	NT	—	LC	Ⅱ	—
	黄爪隼 *Falco naumanni*	二级	VU	A2bcde+3bcde +4bcde；C2a（ⅰ）	LC	Ⅱ	—
	红隼 *Falco tinnunculus*	二级	LC	—	LC	Ⅱ	—
	红脚隼 *Falco amurensis*	二级	NT	—	LC	Ⅱ	—
	灰背隼 *Falco columbarius*	二级	NT	—	LC	Ⅱ	—
	燕隼 *Falco subbuteo*	二级	LC	—	LC	Ⅱ	—
	猎隼 *Falco cherrug*	一级	EN	A2bcde	EN	Ⅱ	—
	游隼 *Falco peregrinus*	二级	NT	—	LC	Ⅰ	—
	黑尾地鸦 *Podoces hendersoni*	二级	VU	C2（ⅰ）；D1	LC	—	—
	蒙古百灵 *Melanocorypha mongolica*	二级	VU	A2abcd+B1b(ⅱ,ⅲ)	LC	—	—
	云雀 *Alauda arvensis*	二级	LC	—	LC	—	—
	贺兰山红尾鸲 *Phoenicurus alaschanicus*	二级	EN	B1b（ⅱ，ⅲ）；C2a（ⅰ，ⅱ）b	NT	—	中国特有种
	白喉石䳭 *Saxicola insignis*	二级	EN	C2a（ⅱ）	VU	—	—
	贺兰山岩鹨 *Prunella koslowi*	二级	VU	C2a（ⅰ）	LC	—	—
	北朱雀 *Carpodacus roseus*	二级	LC	—	LC	—	—
	红交嘴雀 *Loxia curvirostra*	二级	LC	—	LC	—	—
哺乳纲 Mammalia	狼 *Canis lupus*	二级	NT	—	LC	Ⅱ	—
	沙狐 *Vulpes corsac*	二级	NT	—	LC	—	—
	赤狐 *Vulpes vulpes*	二级	NT	—	LC	Ⅲ	—
	石貂 *Martes foina*	二级	EN	A3d；B1ab（ⅰ，ⅱ，ⅲ）+2ab（ⅰ，ⅱ，ⅲ）；C2a（ⅰ）	LC	Ⅲ	—
	艾鼬 *Mustela eversmanii*	无	VU	A3d；C2a（ⅰ）	LC	—	—
	虎鼬 *Vormela peregusna*	无	EN	A3d；C2a（ⅰ）	VU	—	—
	荒漠猫 *Felis bieti*	一级	CR	A2ab	VU	Ⅱ	—
	野猫 *Felis silvestris*	二级	EN	A2ab	LC	Ⅱ	—
	兔狲 *Otocolobus manul*	二级	EN	A2ab；B1ab（ⅰ，ⅱ，ⅲ）	LC	Ⅱ	—
	猞猁 *Lynx lynx*	二级	EN	A2ab	LC	Ⅱ	—
	豹猫 *Prionailurus bengalensis*	二级	VU	A2ab；B1ab（ⅰ，ⅱ，ⅲ）	LC	Ⅰ	—
	雪豹 *Panthera uncia*	一级	EN	A2ab；B1ab（ⅰ，ⅱ，ⅲ）	VU	Ⅰ	—
	蒙古野驴 *Equus hemionus*	一级	VU	A1acd；B1ab（ⅰ，ⅱ，ⅲ）+2ab（ⅰ，ⅱ，ⅲ）	NT	Ⅱ	—

续表

纲	物种	保护等级[1]	中国生物多样性红色名录[2]		IUCN[3]	CITES[4]	特有性
			等级	标准			
哺乳纲 Mammalia	野骆驼 *Camelus ferus*	一级	CR	A1acd; B1ab（ⅰ，ⅱ，ⅲ） +2ab（ⅰ，ⅱ，ⅲ）	CR	—	—
	马麝 *Moschus chrysogaster*	一级	CR	A1acd; B1ab（ⅰ，ⅱ，ⅲ）	EN	Ⅱ	—
	马鹿 *Cervus canadensis*	二级	EN	B1ab（ⅰ，ⅱ，ⅲ） +2ab（ⅰ，ⅱ，ⅲ）	LC	—	—
	鹅喉羚 *Gazella subgutturosa*	二级	VU	A1acd; B1ab（ⅰ，ⅱ，ⅲ）	VU	—	—
	北山羊 *Capra sibirica*	二级	NT	—	NT	Ⅲ	—
	岩羊 *Pseudois nayaur*	二级	LC	—	LC	Ⅲ	—
	戈壁盘羊 *Ovis darwini*	二级	CR	B1ab（ⅰ，ⅱ，ⅲ）	NT	Ⅱ	—
	贺兰山鼠兔 *Ochotona argentata*	二级	DD	—	EN	—	贺兰山特有种

注：表中“—”，表示无此内容。
1.《国家重点保护野生动物名录》（2021）：保护等级分为国家一级、二级重点保护野生动物。
2.《中国生物多样性红色名录：脊椎动物》（2021）：CR为极危、EN为濒危、VU为易危、NT为近危、LC为无危、DD为数据缺乏。
3.《IUCN红色名录》（2021）：CR为极危、EN为濒危、VU为易危、NT为近危、LC为无危、NE为未予评估。
4. CITES（2019）：Ⅰ代表附录Ⅰ，Ⅱ代表附录Ⅱ，Ⅲ代表附录Ⅲ。

1.2 阿拉善珍稀濒危及重点保护野生植物的现状

1. 阿拉善地区分布的国家重点保护野生植物

阿拉善地处亚非荒漠区东翼，是世界独特、古老的荒漠生态区之一，空间上属于以典型旱生、强旱生、超旱生植物为主要组成的荒漠生态系统。阿拉善荒漠植物区系中，古地中海成分占绝对优势，分布着多种第三纪古老残遗种，甚至还有白垩纪的残遗种——古地中海干热植物的后裔，如四合木*Tetraena mongolica*、绵刺*Potaninia mongolica*、半日花*Helianthemum songaricum*、沙冬青*Ammopiptanthus mongolicus*等。沙冬青*Ammopiptanthus mongolicus*是古老的第三纪亚热带常绿阔叶林旱化残遗种的代表。四合木*Tetraena mongolica*、沙冬青*Ammopiptanthus mongolicus*、长叶红砂（黄花红砂）*Reaumuria trigyna*、半日花*Helianthemum songaricum*、裸果木*Gymnocarpos przewalskii*均为冰期残遗植物。

独特的植物分布使阿拉善地区成为国家重点保护野生植物的聚集地，该地区列入《国家重点保护野生植物名录》（2021）的植物有17种，其中国家一级重点保护野生植物1种、二级重点保护野生植物16种（表1-2）。

表1-2 阿拉善地区分布的国家重点保护野生植物

物种	科名	保护级别[1]	评估等级[2]	特有性
发菜 *Nostoc flagelliforme*	念珠藻科	一级	—	—
斑子麻黄 *Ephedra rhytidosperma*	麻黄科	二级	EN	贺兰山特有种
沙芦草 *Agropyron mongolicum*	禾本科	二级	LC（NA）	中国特有种
阿拉善披碱草 *Elymus alashanicus*	禾本科	二级	LC（NA）	中国特有种
锁阳 *Cynomorium songaricum*	锁阳科	二级	VU	—
四合木 *Tetraena mongolica*	蒺藜科	二级	VU	中国特有种
沙冬青 *Ammopiptanthus mongolicus*	豆科	二级	VU	阿拉善特有种
胀果甘草 *Glycyrrhiza inflata*	豆科	二级	LC（NA）	—
甘草 *Glycyrrhiza uralensis*	豆科	二级	LC（NA）	—
绵刺 *Potaninia mongolica*	蔷薇科	二级	VU	阿拉善近特有种
蒙古扁桃 *Prunus mongolica*	蔷薇科	二级	VU	—
半日花 *Helianthemum songaricum*	半日花科	二级	EN	—
瓣鳞花 *Frankenia pulverulenta*	瓣鳞花科	二级	EN	—
阿拉善单刺蓬 *Cornulaca alaschanica*	苋科	二级	NT（NA）	阿拉善特有种
黑果枸杞 *Lycium ruthenicum*	茄科	二级	LC（NA）	—
肉苁蓉 *Cistanche deserticola*	列当科	二级	EN	—
革苞菊 *Tugarinovia mongolica*	菊科	二级	VU	—

注：表中“—”，表示无此内容。

1.《国家重点保护野生植物名录》（2021）：保护等级分为国家一级、二级重点保护野生植物。

2.《中国高等植物受威胁物种名录》（2017）和《中国生物多样性红色名录——高等植物卷》中评估等级：CR为极危、EN为濒危、VU为易危、NT为近危、LC为低危。NA表示未列入《中国高等植物受威胁物种名录》（2017）。

2. 阿拉善地区分布的中国受威胁植物

阿拉善地区列入《中国生物多样性红色名录——高等植物卷》（2013）和《中国高等植物受威胁物种名录》（2017）的植物有18种，其中濒危（EN）5种、易危（VU）13种（表1-3）。这18种植物中，有10种列入《国家重点保护野生植物名录》（2021），其中濒危（EN）植物4种，易危（VU）植物6种。

3. 阿拉善地方珍稀濒危植物

20世纪下半叶，由于区域气候变化与人类活动的影响，阿拉善地区多种植物遭受了严重损失。21世纪以来，一系列生物多样性保护措施实施后，该地区植物保护和恢复取得巨大成效，植物多样性总体下降趋势基本得到遏制。然而，受干旱、风沙、鼠害和虫害等自然因素影响，以及资源过度利用、工程建设等人类活动干扰，加之保护力度不够，阿拉善植物多样性仍然面临威胁。多种植物在国家层面未列入受威胁植物名录，但它们在阿拉善地区的种群数量和分布范围仍在减少，甚至有些植物在阿拉善地区趋于灭绝。例如，长叶红砂（黄花红砂）*Reaumuria trigyna*、裸果木*Gymnocarpos przewalskii*、宽叶水柏枝*Myricaria platyphylla*等在种群数量和分布范围上减少较为显著，阿拉善沙拐枣*Calligonum alashanicum*、

表1-3 阿拉善地区分布的中国受威胁植物

物种	科名	评估等级[1]	评估标准	特有性
斑子麻黄 *Ephedra rhytidosperma*	麻黄科	EN	B2b（ⅰ，ⅱ，ⅲ，ⅴ）；C（ⅰ，ⅱ，ⅳ）	贺兰山特有种
宁夏绣线菊 *Spiraea ningshiaensis*	蔷薇科	EN	B1ab（ⅰ）	中国特有种
四合木 *Tetraena mongolica*	蒺藜科	VU	A2c	中国特有种
半日花 *Helianthemum songaricum*	半日花科	EN	A2c；B1ab（ⅰ，ⅲ）；C1	—
瓣鳞花 *Frankenia pulverulenta*	瓣鳞花科	EN	A2bcd；B1ab（ⅰ，ⅲ）；C1	—
肉苁蓉 *Cistanche deserticola*	列当科	EN	A2acd	—
中麻黄 *Ephedra intermedia*[2]	麻黄科	VU（NT）	A2c	—
草麻黄 *Ephedra sinica*[2]	麻黄科	VU（NT）	A2cd	—
锁阳 *Cynomorium songaricum*	锁阳科	VU	A2c；B1ab（ⅰ，ⅲ）；C1	—
沙冬青 *Ammopiptanthus mongolicus*	豆科	VU	A2c	阿拉善特有种
短龙骨黄芪 *Astragalus parvicarinatus*	豆科	VU	B1ab（ⅲ）	中国特有种
大花雀儿豆 *Chesneya macrantha*	豆科	VU	B2ab	—
甘肃旱雀豆 *Chesniella ferganensis*	豆科	VU	B1ab（ⅰ，ⅲ，ⅴ）	—
绵刺 *Potaninia mongolica*	蔷薇科	VU	A2c；C1+2a（ⅱ）	阿拉善近特有种
蒙古扁桃 *Prunus mongolica*	蔷薇科	VU	B1ab（ⅱ，ⅲ）	—
内蒙野丁香 *Leptodermis ordosica*	茜草科	VU	D2	贺兰山—桌子山特有种
黄花软紫草 *Arnebia guttata*	紫草科	VU	A2c	—
革苞菊 *Tugarinovia mongolica*	菊科	VU	B2ab（ⅱ，ⅲ）；C1	—

注：表中“—”，表示无此内容。

1.《中国生物多样性红色名录——高等植物卷》（2013）和《中国高等植物受威胁物种名录》（2017）中评估等级：CR为极危、EN为濒危、VU为易危、NT为近危、LC为无危。

2. 草麻黄*Ephedra sinica*、中麻黄*Ephedra intermedia*在《中国高等植物受威胁物种名录》（2017）中列为易危（VU），而在《中国生物多样性红色名录——高等植物卷》（2013）中则列为近危（NT）。

祁连圆柏*Juniperus przewalskii*、铃铛刺*Halimodendron halodendron*等已经很难观测到。

阿拉善地区特有植物较为丰富。阿拉善地区有两个重要的生态地理单元分别是东阿拉善荒漠和西阿拉善荒漠。其中东阿拉善荒漠被称作“西鄂尔多斯-东阿拉善中心”，是西北干旱区中国特有植物的分布中心，是我国北方生物多样性的聚集地，也是亚洲中部荒漠植物多样性最高的一个地区。根据资料和实地调查，阿拉善地区当地特有或近特有植物种类（包括变种）有近100种，占本区种子植物的10%。这些特有种中，部分植物的种群数量极少、分布范围极狭窄，且有些植物种群个体数量呈减少趋势。而这些植物尚未列入《中国高等植物受威胁物种名录》（2017）或《国家重点保护野生植物名录》（2021）。

鉴于上述情况，对除《国家重点保护野生植物名录》（2021）外的阿拉善地区受威胁植物进行评估，依据《IUCN物种红色名录濒危等级和标准3.1版》和《IUCN物种红色名录标准在地区水平的应用指南4.0版》的评估等级标准，将评估出的地区灭绝（RE）、极危（CR）、濒危（EN）、易危（VU）等级的植物列入“阿拉善地方珍稀濒危植物”。评估结果显示，阿拉善地方珍稀濒危植物共74种，其中地区灭绝（RE）1种，极危（CR）7种，濒危（EN）29种，易危（VU）37种（表1-4）。

表1-4 阿拉善地方珍稀濒危植物

物种	科名	评估等级[1]	评估标准	特有性
阿拉善苜蓿 *Medicago alaschanica*	豆科	RE	—	贺兰山特有种
双穗麻黄 *Ephedra distachya*	麻黄科	CR	B2ab（ⅲ，ⅴ）	—
圆柏 *Juniperus chinensis*	柏科	CR	D	—
祁连圆柏 *Juniperus przewalskii*	柏科	CR	D	中国特有种
龙首山蔷薇 *Rosa longshoushanica*	蔷薇科	CR	D	龙首山特有种
鲜卑花 *Sibiraea laevigata*	蔷薇科	CR	B1ab（ⅲ）	—
阿拉善沙拐枣 *Calligonum alaschanicum*	蓼科	CR	A2ac	腾格里沙漠、库布齐沙漠特有种
金花忍冬（黄花忍冬）*Lonicera chrysantha*	忍冬科	CR	D	—
中麻黄 *Ephedra intermedia*	麻黄科	EN	A2c；B2ab（ⅰ，ⅲ）	—
单子麻黄 *Ephedra monosperma*	麻黄科	EN	B2ab（ⅰ，ⅲ，ⅴ）	—
草麻黄 *Ephedra sinica*	麻黄科	EN	A2cd	—
红花紫堇 *Corydalis livida*	罂粟科	EN	A4ac；B2ab（ⅱ，ⅲ）	甘肃—青海—内蒙古西部特有种
准噶尔铁线莲 *Clematis songorica*	毛茛科	EN	A2ac	—
线沟黄芪（单小叶黄芪）*Astragalus vallestris*	豆科	EN	B2ab（ⅰ，ⅲ，ⅴ）	—
大花雀儿豆 *Chesneya macrantha*	豆科	EN	B2ab（ⅱ，ⅲ）	—
铃铛刺 *Halimodendron halodendron*	豆科	EN	A2ac	—
花叶海棠 *Malus transitoria*	蔷薇科	EN	D	华北西部特有种
宁夏绣线菊 *Spiraea ningshiaensis*	蔷薇科	EN	B2ab（ⅱ）	中国特有种
柳叶鼠李 *Rhamnus erythroxylum*	鼠李科	EN	B2ab（ⅱ，ⅴ）	—
细裂槭 *Acer pilosum* var. *stenolobum*	无患子科	EN	D	中国特有种
宽叶水柏枝 *Myricaria platyphylla*	柽柳科	EN	A2ac	中国特有种
长叶红砂（黄花红砂）*Reaumuria trigyna*	柽柳科	EN	A2ac	中国特有种
刚毛柽柳 *Tamarix hispida*	柽柳科	EN	B2ab（ⅱ，ⅴ）	—
泡果沙拐枣 *Calligonum calliphysa*	蓼科	EN	B2ab（ⅱ，ⅴ）	—
圆叶萹蓄（圆叶木蓼）*Polygonum intramongolicum*	蓼科	EN	B2ab（ⅱ，ⅴ）	狼山—乌拉山—贺兰山特有种
盐穗木 *Halostachys caspica*	苋科	EN	B2ab（ⅱ，ⅲ，ⅴ）	—
戈壁藜 *Iljinia regelii*	苋科	EN	B1ab（ⅰ，ⅲ，ⅴ）	—
白麻 *Apocynum pictum*	夹竹桃科	EN	A2acd；B1ab（ⅰ，ⅲ）	—
罗布麻 *Apocynum venetum*	夹竹桃科	EN	A2acd	—
疏花软紫草 *Arnebia szechenyi*	紫草科	EN	A2acd；B1ab（ⅰ，ⅴ）	中国特有种
贺兰山丁香 *Syringa pinnatifolia* var. *alashanensis*	木犀科	EN	A2acd；B2ab（ⅱ，ⅴ）	贺兰山特有种
盐生肉苁蓉 *Cistanche salsa*	列当科	EN	A2acd	—
黄花列当 *Orobanche pycnostachya* var. *pycnostachya*	列当科	EN	A2acd；B2ab（ⅱ，ⅴ）	—
戈壁短舌菊 *Brachanthemum gobicum*	菊科	EN	B2ab（ⅱ，ⅴ）	阿拉善荒漠东部特有种
丝毛蓝刺头 *Echinops nanus*	菊科	EN	B2ab（ⅱ，ⅴ）	—
雅布赖风毛菊 *Saussurea yabulaiensis*	菊科	EN	B1ab（ⅱ，ⅲ，ⅴ）	雅布赖山特有种
葱皮忍冬 *Lonicera ferdinandi*	忍冬科	EN	B2a；C1	—
木贼麻黄 *Ephedra equisetina*	麻黄科	VU	A2cd	—
阿拉善葱 *Allium alaschanicum*	石蒜科	VU	D2	贺兰山特有种

续表

物种	科名	评估等级[1]	评估标准	特有性
贺兰山延胡索 *Corydalis alaschanica*	罂粟科	VU	D2	贺兰山特有种
阿拉善银莲花 *Anemone alaschanica*	毛茛科	VU	D2	贺兰山特有种
小叶铁线莲 *Clematis nannophylla*	毛茛科	VU	A1ac；B2ab（ⅱ，ⅲ，ⅴ）	中国特有种
甘青铁线莲 *Clematis tangutica*	毛茛科	VU	A2ac；B2ab（ⅱ，ⅲ）	—
贺兰山翠雀花 *Delphinium albocoeruleum* var. *przewalskii*	毛茛科	VU	D2	贺兰山特有种
贺兰山毛茛 *Ranunculus alaschaninus*	毛茛科	VU	D2	贺兰山特有种
短龙骨黄芪 *Astragalus parvicarinatus*	豆科	VU	B1ab（ⅲ）	中国特有种
甘肃旱雀豆 *Chesniella ferganensis*	豆科	VU	B2ab（ⅰ，ⅲ，ⅴ）	—
蒙古旱雀豆 *Chesniella mongolica*	豆科	VU	A2ac；B1b（ⅱ，ⅲ，ⅴ）	—
红花山竹子（红花岩黄芪）*Corethrodendron multijugum*	豆科	VU	A1acd；D2	中国特有种
贺兰山荨麻 *Urtica helanshanica*	荨麻科	VU	D2	贺兰山、龙首山特有种
白桦 *Betula platyphylla*	桦木科	VU	D2	—
刘氏大戟 *Euphorbia lioui*	大戟科	VU	D2	中国特有种
北芸香 *Haplophyllum dauricum*	芸香科	VU	A1acd	—
针枝芸香 *Haplophyllum tragacanthoides*	芸香科	VU	D2	中国特有种
短果小柱芥 *Microstigma brachycarpum*	十字花科	VU	B2ab（ⅱ，ⅴ）	中国特有种
紫花爪花芥 *Sterigmostemum matthioloides*	十字花科	VU	D2	中国特有种
斧翅沙芥（宽翅沙芥）*Pugionium dolabratum*	十字花科	VU	A2cd+3cd	—
长枝木蓼 *Atraphaxis virgata*	蓼科	VU	B2ab（ⅱ，ⅴ）	—
裸果木 *Gymnocarpos przewalskii*	石竹科	VU	A2c	—
贺兰山女娄菜 *Melandrium alaschanicum*	石竹科	VU	D2	贺兰山特有种
耳瓣女娄菜 *Melandrium auritipetalum*	石竹科	VU	D2	贺兰山特有种
龙首山女娄菜 *Melandrium longshoushanicum*	石竹科	VU	D2	龙首山特有种
瘤翅女娄菜 *Melandrium verrucoso-altum*	石竹科	VU	D2	贺兰山特有种
贺兰山孩儿参 *Pseudostellaria helanshanensis*	石竹科	VU	D2	—
内蒙野丁香 *Leptodermis ordosica*	茜草科	VU	D2	贺兰山—桌子山特有种
黄花软紫草 *Arnebia guttata*	紫草科	VU	A2c	—
贺兰山玄参 *Scrophularia alaschanica*	玄参科	VU	D2	贺兰山—乌拉山特有种
沙苁蓉 *Cistanche sinensis*	列当科	VU	A2cd+3cd	中国特有种
贺兰山女蒿 *Hippolytia alashanensis*	菊科	VU	D2	贺兰山特有种
阿拉善风毛菊 *Saussurea alaschanica*	菊科	VU	D2	贺兰山、龙首山特有种
阿右风毛菊 *Saussurea jurineoides*	菊科	VU	D2	贺兰山、龙首山特有种
毓泉风毛菊 *Saussurea mae*	菊科	VU	A2ac；D2	龙首山特有种
百花蒿 *Stilpnolepis centiflora*	菊科	VU	B1ab（ⅱ，ⅲ）	南阿拉善荒漠、鄂尔多斯沙漠近特有种
贺兰芹 *Helania radialipetala*	伞形科	VU	D2	贺兰山—罗山特有种

注：表中“—”，表示无此内容。

1. 评估等级分为：地区灭绝（RE）、极危（CR）、濒危（EN）、易危（VU）。

第2章 阿拉善珍稀濒危野生动物

硬骨鱼纲Osteichthyes

河西叶尔羌高原鳅 大鳍鼓鳔鳅、大头鱼

Triplophysa yarkandensis macroptera (Herzenstein)

动物界Animalia	脊索动物门Chordata	硬骨鱼纲Osteichthyes	鲤形目Cypriniformes	条鳅科Nemacheilidae

杨荟 / 拍摄

保护和濒危等级：

国家重点保护野生动物名录（2021） Category of National Key Protected Wild Animals（2021）	无 / NA
中国生物多样性红色名录：脊椎动物（2021） China's Red List of Biodiversity: Vertebrates（2021）	易危 / VU A2cde
世界自然保护联盟濒危物种红色名录（2021） IUCN Red List（2021）	未评估 / NE
濒危野生动植物种国际贸易公约附录（2019） CITES Appendix（2019）	无 / NA

注：《中国生物多样性红色名录：脊椎动物（2021）》中叶尔羌高原鳅 *Triplophysa yarkandensis*为易危（VU）种。

特有性：黑河内流区特有种。

致危因素：分布区局限，栖息地退化或丧失。

本区分布：额济纳旗（居延海）。

种群数量状况：1961年的西居延海干涸和1992年的东居延海干涸，导致河西叶尔羌高原鳅（大鳍鼓鳔鳅）几乎消失于额济纳旗居延海地区。21世纪初，随着黑河引水工程的实施东居延海又恢复蓄水，使得河西叶尔羌高原鳅（大鳍鼓鳔鳅）在居延海重新出现。

爬行纲Reptilia

红沙蟒　沙蟒、红沙蚺

Eryx miliaris Pallas　Dwarf Sand Boa, Desert Sand Boa, Tartar Sand Boa

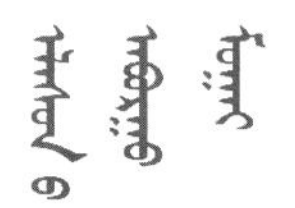

动物界Animalia	脊索动物门Chordata	爬行纲Reptilia	有鳞目Squamata	蚺科Boidae

保护和濒危等级：

国家重点保护野生动物名录（2021） Category of National Key Protected Wild Animals（2021）	二级 / Category II
中国生物多样性红色名录：脊椎动物（2021） China's Red List of Biodiversity: Vertebrates（2021）	易危 / VU A1b+2bcd+3cd
世界自然保护联盟濒危物种红色名录（2021） IUCN Red List（2021）	无危 / LC
濒危野生动植物种国际贸易公约附录（2019） CITES Appendix（2019）	无 / NA

特有性：非特有种。

致危因素：种群数量少，栖息地被破坏，人类活动干扰。

本区分布：阿拉善左旗（贺兰山及周边地区）。

种群数量状况：尚没有调查数据，稀见。

王力军 / 拍摄

鸟纲Aves

暗腹雪鸡

Tetraogallus himalayensis G. R. Gray　　Himalayan Snowcock

动物界Animalia	脊索动物门Chordata	鸟纲Aves	鸡形目Galliformes	雉科Phasianidae

王志芳 / 拍摄

保护和濒危等级：

国家重点保护野生动物名录（2021） Category of National Key Protected Wild Animals（2021）	二级 / Category II
中国生物多样性红色名录：脊椎动物（2021） China's Red List of Biodiversity: Vertebrates（2021）	近危 / NT
世界自然保护联盟濒危物种红色名录（2021） IUCN Red List（2021）	无危 / LC
濒危野生动植物种国际贸易公约附录（2019） CITES Appendix（2019）	无 / NA

特有性：非特有种。

致危因素：捕猎、天敌（金雕、香鼬、狐等）的危害。

本区分布：在阿拉善地区为留鸟（R），见于阿拉善右旗。

群数量情况：尚没有调查数据，少见。

蓝马鸡

Crossoptilon auritum (Pallas)　　Blue Eared Pheasant

动物界Animalia	脊索动物门Chordata	鸟纲Aves	鸡形目Galliformes	雉科Phasianidae

保护和濒危等级：

国家重点保护野生动物名录（2021） Category of National Key Protected Wild Animals（2021）	二级 / Category II
中国生物多样性红色名录：脊椎动物（2021） China's Red List of Biodiversity: Vertebrates（2021）	近危 / NT
世界自然保护联盟濒危物种红色名录（2021） IUCN Red List（2021）	无危 / LC
濒危野生动植物种国际贸易公约附录（2019） CITES Appendix（2019）	无 / NA

特有性：中国特有种。

致危因素：栖息地退化或丧失，天敌（猛禽）的危害。

本区分布：在阿拉善地区为留鸟（R），见于阿拉善左旗（贺兰山地区）。

种群数量状况：尚没有调查数据，常见。

王志芳 / 拍摄

鸿雁

Anser cygnoid (Linnaeus)   Swan Goose

动物界Animalia	脊索动物门Chordata	鸟纲Aves	雁形目Anseriformes	鸭科Anatidae

王志芳 / 拍摄

保护和濒危等级：

国家重点保护野生动物名录（2021） Category of National Key Protected Wild Animals（2021）	二级 / Category II
中国生物多样性红色名录：脊椎动物（2021） China's Red List of Biodiversity: Vertebrates（2021）	易危 / VU A3bcd
世界自然保护联盟濒危物种红色名录（2021） IUCN Red List（2021）	易危 / VU
濒危野生动植物种国际贸易公约附录（2019） CITES Appendix（2019）	无 / NA

特有性：非特有种。

致危因素：栖息地退化或丧失，捕猎，食物资源的缺乏。

本区分布：在阿拉善地区为旅鸟（P），见于阿拉善左旗、额济纳旗。

种群数量状况：尚没有调查数据，少见。

白额雁

Anser albifrons (Scopoli)　　Greater White-fronted Goose

动物界Animalia	脊索动物门Chordata	鸟纲Aves	雁形目Anseriformes	鸭科Anatidae

保护和濒危等级：

国家重点保护野生动物名录（2021） Category of National Key Protected Wild Animals（2021）	二级 / Category II
中国生物多样性红色名录：脊椎动物（2021） China's Red List of Biodiversity: Vertebrates（2021）	无危 / LC
世界自然保护联盟濒危物种红色名录（2021） IUCN Red List（2021）	无危 / LC
濒危野生动植物种国际贸易公约附录（2019） CITES Appendix（2019）	无 / NA

特有性：非特有种。

致危因素：人类活动干扰，捕猎，流行性传染病暴发。

本区分布：在阿拉善地区为旅鸟（P），见于阿拉善左旗。

种群数量状况：尚没有调查数据，稀见。

林剑声 / 拍摄

疣鼻天鹅

Cygnus olor (Gmelin)　　Mute Swan

动物界Animalia	脊索动物门Chordata	鸟纲Aves	雁形目Anseriformes	鸭科Anatidae

保护和濒危等级：

国家重点保护野生动物名录（2021） Category of National Key Protected Wild Animals（2021）	二级 / Category II
中国生物多样性红色名录：脊椎动物（2021） China's Red List of Biodiversity: Vertebrates（2021）	近危 / NT
世界自然保护联盟濒危物种红色名录（2021） IUCN Red List（2021）	无危 / LC
濒危野生动植物种国际贸易公约附录（2019） CITES Appendix（2019）	无 / NA

特有性：非特有种。

致危因素：人类活动干扰，栖息地退化或丧失。

本区分布：在阿拉善地区为夏候鸟（S）、旅鸟（P），见于阿拉善左旗、额济纳旗。

种群数量状况：尚没有调查数据，少见。

小天鹅

Cygnus columbianus (Ord)　　Tundra Swan

动物界Animalia	脊索动物门Chordata	鸟纲Aves	雁形目Anseriformes	鸭科Anatidae

保护和濒危等级：

国家重点保护野生动物名录（2021） Category of National Key Protected Wild Animals（2021）	二级 / Category II
中国生物多样性红色名录：脊椎动物（2021） China's Red List of Biodiversity: Vertebrates（2021）	近危 / NT
世界自然保护联盟濒危物种红色名录（2021） IUCN Red List（2021）	无危 / LC
濒危野生动植物种国际贸易公约附录（2019） CITES Appendix（2019）	无 / NA

特有性：非特有种。

致危因素：捕猎，人类活动干扰，栖息地退化或丧失。

本区分布：在阿拉善地区为旅鸟（P），见于阿拉善盟各旗。

种群数量状况：尚没有调查数据，常见。

王志芳 / 拍摄

大天鹅

Cygnus cygnus (Linnaeus)　　Whooper Swan

动物界Animalia	脊索动物门Chordata	鸟纲Aves	雁形目Anseriformes	鸭科Anatidae

保护和濒危等级：

国家重点保护野生动物名录（2021） Category of National Key Protected Wild Animals（2021）	二级 / Category II
中国生物多样性红色名录：脊椎动物（2021） China's Red List of Biodiversity: Vertebrates（2021）	近危 / NT
世界自然保护联盟濒危物种红色名录（2021） IUCN Red List（2021）	无危 / LC
濒危野生动植物种国际贸易公约附录（2019） CITES Appendix（2019）	无 / NA

特有性：非特有种。

致危因素：捕猎，人类活动干扰，栖息地退化或丧失。

本区分布：在阿拉善地区为旅鸟（P），见于阿拉善盟各旗。

种群数量状况：尚没有调查数据，少见。

王志芳 / 拍摄

鸳鸯

Aix galericulata (Linnaeus)　　Mandarin Duck

动物界Animalia	脊索动物门Chordata	鸟纲Aves	雁形目Anseriformes	鸭科Anatidae

林剑声 / 拍摄

保护和濒危等级：

国家重点保护野生动物名录（2021） Category of National Key Protected Wild Animals（2021）	二级 / Category II
中国生物多样性红色名录：脊椎动物（2021） China's Red List of Biodiversity: Vertebrates（2021）	近危 / NT
世界自然保护联盟濒危物种红色名录（2021） IUCN Red List（2021）	无危 / LC
濒危野生动植物种国际贸易公约附录（2019） CITES Appendix（2019）	无 / NA

特有性：非特有种。

致危因素：捕猎，栖息地退化或丧失。

本区分布：在阿拉善地区为旅鸟（P），见于阿拉善左旗。

种群数量状况：尚没有调查数据，罕见。

棉凫

Nettapus coromandelianus (Gmelin)　　Asian Pygmy-Goose

动物界Animalia	脊索动物门Chordata	鸟纲Aves	雁形目Anseriformes	鸭科Anatidae

保护和濒危等级：

国家重点保护野生动物名录（2021） Category of National Key Protected Wild Animals（2021）	二级 / Category II
中国生物多样性红色名录：脊椎动物（2021） China's Red List of Biodiversity: Vertebrates（2021）	濒危 / EN C2a（ii）
世界自然保护联盟濒危物种红色名录（2021） IUCN Red List（2021）	无危 / LC
濒危野生动植物种国际贸易公约附录（2019） CITES Appendix（2019）	无 / NA

特有性：非特有种。

致危因素：栖息地退化或丧失，捕猎和捡蛋。

本区分布：在阿拉善地区为夏候鸟（S），见于阿拉善左旗。

种群数量状况：尚没有调查数据，罕见。

林剑声 / 拍摄

青头潜鸭

Aythya baeri (Radde)　　Baer's Pochard

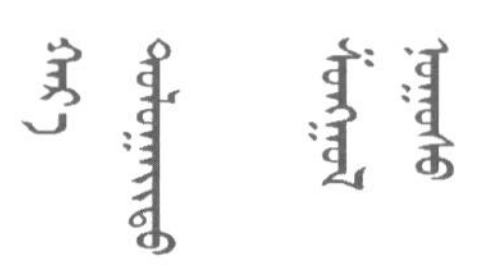

动物界Animalia	脊索动物门Chordata	鸟纲Aves	雁形目Anseriformes	鸭科Anatidae

保护和濒危等级：

国家重点保护野生动物名录（2021） Category of National Key Protected Wild Animals（2021）	一级 / Category Ⅰ
中国生物多样性红色名录：脊椎动物（2021） China's Red List of Biodiversity: Vertebrates（2021）	极危 / CR A2cd+3cd+4cd
世界自然保护联盟濒危物种红色名录（2021） IUCN Red List（2021）	极危 / CR
濒危野生动植物种国际贸易公约附录（2019） CITES Appendix（2019）	无 / NA

特有性：非特有种。

致危因素：栖息地丧失或退化，人类活动干扰，捕猎。

本区分布：在阿拉善地区为旅鸟（P），见于阿拉善左旗。

种群数量状况：尚没有调查数据，罕见。

林剑声 / 拍摄

斑头秋沙鸭 白秋沙鸭

Mergellus albellus Linnaeus Smew

动物界Animalia	脊索动物门Chordata	鸟纲Aves	雁形目Anseriformes	鸭科Anatidae

王志芳／拍摄

保护和濒危等级：

国家重点保护野生动物名录（2021） Category of National Key Protected Wild Animals（2021）	二级 / Category II
中国生物多样性红色名录：脊椎动物（2021） China's Red List of Biodiversity: Vertebrates（2021）	无危 / LC
世界自然保护联盟濒危物种红色名录（2021） IUCN Red List（2021）	无危 / LC
濒危野生动植物种国际贸易公约附录（2019） CITES Appendix（2019）	无 / NA

特有性：非特有种。

致危因素：栖息地退化或丧失，人类活动干扰。

本区分布：在阿拉善地区为旅鸟（P），见于阿拉善左旗。

种群数量状况：尚没有调查数据，少见。

角䴙䴘

Podiceps auritus (Linnaeus)　　Horned Grebe

动物界Animalia	脊索动物门Chordata	鸟纲Aves	䴙䴘目Podicipediformes	䴙䴘科Podicipedidae

非繁殖羽　赵建平 / 拍摄

繁殖羽　王昌大 / 拍摄

保护和濒危等级：

国家重点保护野生动物名录（2021） Category of National Key Protected Wild Animals（2021）	二级 / Category Ⅱ
中国生物多样性红色名录：脊椎动物（2021） China's Red List of Biodiversity: Vertebrates（2021）	近危 / NT
世界自然保护联盟濒危物种红色名录（2021） IUCN Red List（2021）	易危 / VU
濒危野生动植物种国际贸易公约附录（2019） CITES Appendix（2019）	无 / NA

特有性：非特有种。

致危因素：栖息地退化或丧失，人类活动干扰。

本区分布：在阿拉善地区为旅鸟（P），见于额济纳旗。

种群数量状况：尚没有调查数据，稀见。

黑颈䴙䴘

Podiceps nigricollis Brehm Black-necked Grebe

动物界Animalia	脊索动物门Chordata	鸟纲Aves	䴙䴘目Podicipediformes	䴙䴘科Podicipedidae

王志芳／拍摄

保护和濒危等级：

国家重点保护野生动物名录（2021） Category of National Key Protected Wild Animals（2021）	二级／Category II
中国生物多样性红色名录：脊椎动物（2021） China's Red List of Biodiversity: Vertebrates（2021）	无危／LC
世界自然保护联盟濒危物种红色名录（2021） IUCN Red List（2021）	无危／LC
濒危野生动植物种国际贸易公约附录（2019） CITES Appendix（2019）	无／NA

特有性：非特有种。

致危因素：栖息地退化或丧失，人类活动干扰。

本区分布：在阿拉善地区为夏候鸟（S），见于阿拉善左旗。

种群数量状况：尚没有调查数据，稀见。

大鸨

Otis tarda Linnaeus　　Great Bustard

动物界Animalia	脊索动物门Chordata	鸟纲Aves	鸨形目Otidiformes	鸨科Otididae

保护和濒危等级：

国家重点保护野生动物名录（2021） Category of National Key Protected Wild Animals（2021）	一级 / Category Ⅰ
中国生物多样性红色名录：脊椎动物（2021） China's Red List of Biodiversity: Vertebrates（2021）	濒危 / EN B2b（ⅲ）；C2b
世界自然保护联盟濒危物种红色名录（2021） IUCN Red List（2021）	易危 / VU
濒危野生动植物种国际贸易公约附录（2019） CITES Appendix（2019）	附录Ⅱ / Appendix Ⅱ

特有性：非特有种。

致危因素：栖息地退化或丧失，狐狸、狼等对雏鸟的掠食。

本区分布：在阿拉善地区为旅鸟（P），见于阿拉善左旗、阿拉善右旗。

种群数量状况：尚没有调查数据，罕见。

王志芳 / 拍摄

波斑鸨

Chlamydotis macqueenii (Gray) Macqueen's Bustard

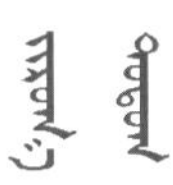

动物界Animalia	脊索动物门Chordata	鸟纲Aves	鸨形目Otidiformes	鸨科Otididae

保护和濒危等级：

国家重点保护野生动物名录（2021） Category of National Key Protected Wild Animals（2021）	一级 / Category Ⅰ
中国生物多样性红色名录：脊椎动物（2021） China's Red List of Biodiversity: Vertebrates（2021）	濒危 / EN A2cd+3cd；C1
世界自然保护联盟濒危物种红色名录（2021） IUCN Red List（2021）	易危 / VU
濒危野生动植物种国际贸易公约附录（2019） CITES Appendix（2019）	附录Ⅰ / Appendix Ⅰ

特有性：非特有种。

致危因素：栖息地减少，捕猎。

本区分布：在阿拉善地区为夏候鸟（S），见于阿拉善左旗、额济纳旗。

种群数量状况：尚没有调查数据，罕见。

逖枭 / 拍摄

蓑羽鹤

Grus virgo (Linnaeus)　　Demoiselle Crane

动物界Animalia	脊索动物门Chordata	鸟纲Aves	鹤形目Gruiformes	鹤科Gruidae

保护和濒危等级：

国家重点保护野生动物名录（2021） Category of National Key Protected Wild Animals（2021）	二级 / Category Ⅱ
中国生物多样性红色名录：脊椎动物（2021） China's Red List of Biodiversity: Vertebrates（2021）	无危 / LC
世界自然保护联盟濒危物种红色名录（2021） IUCN Red List（2021）	无危 / LC
濒危野生动植物种国际贸易公约附录（2019） CITES Appendix（2019）	附录Ⅱ / Appendix Ⅱ

特有性：非特有种。

致危因素：栖息地退化或丧失，人类活动干扰。

本区分布：在阿拉善地区为夏候鸟（S），见于阿拉善盟各旗。

种群数量状况：尚没有调查数据，常见。

王志芳／拍摄

灰鹤

Grus grus (Linnaeus)　　Common Crane

ᠲᠣᠭᠣᠷᠢᠭ᠎ᠠ

动物界Animalia	脊索动物门Chordata	鸟纲Aves	鸨形目Otidiformes	鸨科Otididae

保护和濒危等级：

国家重点保护野生动物名录（2021） Category of National Key Protected Wild Animals（2021）	二级 / Category Ⅱ
中国生物多样性红色名录：脊椎动物（2021） China's Red List of Biodiversity: Vertebrates（2021）	近危 / NT
世界自然保护联盟濒危物种红色名录（2021） IUCN Red List（2021）	无危 / LC
濒危野生动植物种国际贸易公约附录（2019） CITES Appendix（2019）	附录Ⅱ / Appendix Ⅱ

特有性：非特有种。

致危因素：栖息地退化或丧失，人类活动干扰。

本区分布：在阿拉善地区为旅鸟（P），见于阿拉善盟各旗。

种群数量状况：尚没有调查数据，常见。

王志芳 / 拍摄

半蹼鹬

Limnodromus semipalmatus (Blyth)　　Asian Dowitcher

动物界Animalia	脊索动物门Chordata	鸟纲Aves	鸻形目Charadriiformes	鹬科Scolopacidae

白玉玺 / 拍摄

保护和濒危等级：

国家重点保护野生动物名录（2021） Category of National Key Protected Wild Animals（2021）	二级 / Category Ⅱ
中国生物多样性红色名录：脊椎动物（2021） China's Red List of Biodiversity: Vertebrates（2021）	近危 / NT
世界自然保护联盟濒危物种红色名录（2021） IUCN Red List（2021）	近危 / NT
濒危野生动植物种国际贸易公约附录（2019） CITES Appendix（2019）	无 / NA

特有性：非特有种。

致危因素：栖息地退化或丧失，捕猎。

本区分布：在阿拉善地区为旅鸟（P），见于阿拉善左旗。

种群数量状况：尚没有调查数据，稀见。

小杓鹬

Numenius minutus Gould　　Little Curlew

动物界Animalia	脊索动物门Chordata	鸟纲Aves	鸻形目Charadriiformes	鹬科Scolopacidae

王志芳／拍摄

保护和濒危等级：

国家重点保护野生动物名录（2021） Category of National Key Protected Wild Animals（2021）	二级／Category Ⅱ
中国生物多样性红色名录：脊椎动物（2021） China's Red List of Biodiversity: Vertebrates（2021）	近危／NT
世界自然保护联盟濒危物种红色名录（2021） IUCN Red List（2021）	无危／LC
濒危野生动植物种国际贸易公约附录（2019） CITES Appendix（2019）	无／NA

特有性：非特有种。

致危因素：栖息地退化或丧失，人类活动干扰。

本区分布：在阿拉善地区为旅鸟（P），见于阿拉善左旗。

种群数量状况：尚没有调查数据，罕见。

白腰杓鹬

Numenius arquata (Linnaeus)　　Eurasian Curlew

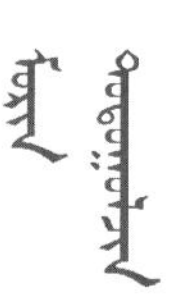

动物界Animalia	脊索动物门Chordata	鸟纲Aves	鸻形目Charadriiformes	鹬科Scolopacidae

保护和濒危等级：

国家重点保护野生动物名录（2021） Category of National Key Protected Wild Animals（2021）	二级 / Category Ⅱ
中国生物多样性红色名录：脊椎动物（2021） China's Red List of Biodiversity: Vertebrates（2021）	近危 / NT
世界自然保护联盟濒危物种红色名录（2021） IUCN Red List（2021）	近危 / NT
濒危野生动植物种国际贸易公约附录（2019） CITES Appendix（2019）	无 / NA

特有性：非特有种。

致危因素：栖息地退化或丧失，人类活动干扰。

本区分布：在阿拉善地区为旅鸟（P），见于阿拉善盟各旗。

种群数量状况：尚没有调查数据，少见。

王志芳／拍摄

翻石鹬

Arenaria interpres (Linnaeus)　　Ruddy Turnstone

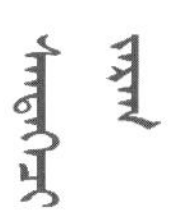

动物界Animalia	脊索动物门Chordata	鸟纲Aves	鸻形目Charadriiformes	鹬科Scolopacidae

王志芳 / 拍摄

保护和濒危等级：

国家重点保护野生动物名录（2021） Category of National Key Protected Wild Animals（2021）	二级 / Category Ⅱ
中国生物多样性红色名录：脊椎动物（2021） China's Red List of Biodiversity: Vertebrates（2021）	无危 / LC
世界自然保护联盟濒危物种红色名录（2021） IUCN Red List（2021）	无危 / LC
濒危野生动植物种国际贸易公约附录（2019） CITES Appendix（2019）	无 / NA

特有性：非特有种。

致危因素：栖息地退化或丧失，人类活动干扰。

本区分布：在阿拉善地区为旅鸟（P），见于阿拉善左旗。

种群数量状况：尚没有调查数据，少见。

幼　王志芳 / 拍摄

遗鸥

Ichthyaetus relictus Lönnberg　　Relict Gull

动物界Animalia	脊索动物门Chordata	鸟纲Aves	鸻形目Charadriiformes	鸥科Laridae

保护和濒危等级：

国家重点保护野生动物名录（2021） Category of National Key Protected Wild Animals（2021）	一级 / Category Ⅰ
中国生物多样性红色名录：脊椎动物（2021） China's Red List of Biodiversity: Vertebrates（2021）	濒危 / EN B1b（ⅲ）+1C（ⅲ）
世界自然保护联盟濒危物种红色名录（2021） IUCN Red List（2021）	易危 / VU
濒危野生动植物种国际贸易公约附录（2019） CITES Appendix（2019）	附录Ⅰ / Appendix Ⅰ

特有性：非特有种。

致危因素：栖息地退化或丧失，人类活动干扰。

本区分布：在阿拉善地区为旅鸟（P），见于阿拉善左旗、额济纳旗。

种群数量状况：尚没有调查数据，少见。

王志芳 / 拍摄

黑鹳

Ciconia nigra (Linnaeus)　Black Stork

动物界Animalia	脊索动物门Chordata	鸟纲Aves	鹳形目Ciconiiformes	鹳科Ciconiidae

保护和濒危等级：

国家重点保护野生动物名录（2021） Category of National Key Protected Wild Animals（2021）	一级 / Category Ⅰ
中国生物多样性红色名录：脊椎动物（2021） China's Red List of Biodiversity: Vertebrates（2021）	易危 / VU C2a（ⅰ）
世界自然保护联盟濒危物种红色名录（2021） IUCN Red List（2021）	无危 / LC
濒危野生动植物种国际贸易公约附录（2019） CITES Appendix（2019）	附录Ⅱ / Appendix Ⅱ

特有性：非特有种。

致危因素：栖息地退化或丧失，人类活动干扰，食物资源缺乏。

本区分布：在阿拉善地区为夏候鸟（S），见于阿拉善左旗、额济纳旗。

种群数量状况：尚没有调查数据，少见。

王志芳 / 拍摄

白琵鹭

Platalea leucorodia Linnaeus　　Eurasian Spoonbill

动物界Animalia	脊索动物门Chordata	鸟纲Aves	鹈形目Pelecaniformes	鹮科Threskiornithidae

保护和濒危等级：

国家重点保护野生动物名录（2021） Category of National Key Protected Wild Animals（2021）	二级 / Category Ⅱ
中国生物多样性红色名录：脊椎动物（2021） China's Red List of Biodiversity: Vertebrates（2021）	近危 / NT
世界自然保护联盟濒危物种红色名录（2021） IUCN Red List（2021）	无危 / LC
濒危野生动植物种国际贸易公约附录（2019） CITES Appendix（2019）	附录Ⅱ / Appendix Ⅱ

特有性：非特有种。

致危因素：栖息地退化或丧失，人类活动干扰。

本区分布：在阿拉善地区为夏候鸟（S），见于阿拉善盟各旗。

种群数量状况：尚没有调查数据，少见。

王志芳 / 拍摄

卷羽鹈鹕

Pelecanus crispus Bruch　　Dalmatian Pelican

动物界Animalia	脊索动物门Chordata	鸟纲Aves	鹈形目Pelecaniformes	鹈鹕科Pelecanidae

保护和濒危等级：

国家重点保护野生动物名录（2021） Category of National Key Protected Wild Animals（2021）	一级 / Category Ⅰ
中国生物多样性红色名录：脊椎动物（2021） China's Red List of Biodiversity: Vertebrates（2021）	濒危 / EN A2ce+3ce+4ce; D
世界自然保护联盟濒危物种红色名录（2021） IUCN Red List（2021）	近危 / NT
濒危野生动植物种国际贸易公约附录（2019） CITES Appendix（2019）	附录Ⅰ / Appendix Ⅰ

特有性：非特有种。

致危因素：栖息地退化或丧失，捕猎，水域污染，人类活动干扰。

本区分布：在阿拉善地区为旅鸟（P）、夏候鸟（S），见于阿拉善左旗、额济纳旗。

种群数量状况：尚没有调查数据，少见。

王志芳 / 拍摄

鹗

Pandion haliaetus (Linnaeus)　　Osprey

动物界Animalia	脊索动物门Chordata	鸟纲Aves	鹰形目Accipitriformes	鹗科Pandionidae

王志芳 / 拍摄

保护和濒危等级：

国家重点保护野生动物名录（2021） Category of National Key Protected Wild Animals（2021）	二级 / Category Ⅱ
中国生物多样性红色名录：脊椎动物（2021） China's Red List of Biodiversity: Vertebrates（2021）	近危 / NT
世界自然保护联盟濒危物种红色名录（2021） IUCN Red List（2021）	无危 / LC
濒危野生动植物种国际贸易公约附录（2019） CITES Appendix（2019）	附录 Ⅱ / Appendix Ⅱ

特有性：非特有种。

致危因素：栖息地退化或丧失，人类活动干扰。

本区分布：在阿拉善地区为旅鸟（P），见于阿拉善盟各旗。

种群数量状况：尚没有调查数据，少见。

胡兀鹫

Gypaetus barbatus (Linnaeus)　　Bearded Vulture

动物界Animalia	脊索动物门Chordata	鸟纲Aves	鹰形目Accipitriformes	鹰科Accipitridae

王志芳 / 拍摄

亚成体　王志芳 / 拍摄

保护和濒危等级：

国家重点保护野生动物名录（2021） Category of National Key Protected Wild Animals（2021）	一级 / Category Ⅰ
中国生物多样性红色名录：脊椎动物（2021） China's Red List of Biodiversity: Vertebrates（2021）	近危 / NT
世界自然保护联盟濒危物种红色名录（2021） IUCN Red List（2021）	近危 / NT
濒危野生动植物种国际贸易公约附录（2019） CITES Appendix（2019）	附录Ⅱ / Appendix Ⅱ

特有性：非特有种。

致危因素：人类活动干扰，食物资源的缺少。

本区分布：在阿拉善地区为留鸟（R），见于阿拉善左旗、阿拉善右旗。

种群数量状况：尚没有调查数据，少见。

凤头蜂鹰

Pernis ptilorhynchus (Temminck)　　Oriental Honey Buzzard

动物界Animalia	脊索动物门Chordata	鸟纲Aves	鹰形目Accipitriformes	鹰科Accipitridae

王志芳 / 拍摄

王志芳 / 拍摄

保护和濒危等级：

国家重点保护野生动物名录（2021） Category of National Key Protected Wild Animals（2021）	二级 / Category Ⅱ
中国生物多样性红色名录：脊椎动物（2021） China's Red List of Biodiversity: Vertebrates（2021）	近危 / NT
世界自然保护联盟濒危物种红色名录（2021） IUCN Red List（2021）	无危 / LC
濒危野生动植物种国际贸易公约附录（2019） CITES Appendix（2019）	附录Ⅱ / Appendix Ⅱ

特有性：非特有种。

致危因素：栖息地退化或丧失，人类活动干扰。

本区分布：在阿拉善地区为旅鸟（P），见于阿拉善盟各旗。

种群数量状况：尚没有调查数据，少见。

高山兀鹫

Gyps himalayensis Hume　　Himalayan Vulture

动物界Animalia	脊索动物门Chordata	鸟纲Aves	鹰形目Accipitriformes	鹰科Accipitridae

保护和濒危等级：

国家重点保护野生动物名录（2021） Category of National Key Protected Wild Animals（2021）	二级 / Category Ⅱ
中国生物多样性红色名录：脊椎动物（2021） China's Red List of Biodiversity: Vertebrates（2021）	近危 / NT
世界自然保护联盟濒危物种红色名录（2021） IUCN Red List（2021）	近危 / NT
濒危野生动植物种国际贸易公约附录（2019） CITES Appendix（2019）	附录Ⅱ / Appendix Ⅱ

特有性：非特有种。

致危因素：栖息地退化或丧失，人类活动干扰。

本区分布：为阿拉善地区留鸟（R），见于阿拉善左旗（贺兰山）。

种群数量状况：尚没有调查数据，少见。

王志芳／拍摄

秃鹫

Aegypius monachus (Linnaeus)　　Cinereous Vulture

动物界Animalia	脊索动物门Chordata	鸟纲Aves	鹰形目Accipitriformes	鹰科Accipitridae

王志芳 / 拍摄

王志芳 / 拍摄

保护和濒危等级：

国家重点保护野生动物名录（2021） Category of National Key Protected Wild Animals（2021）	一级 / Category Ⅰ
中国生物多样性红色名录：脊椎动物（2021） China's Red List of Biodiversity: Vertebrates（2021）	近危 / NT
世界自然保护联盟濒危物种红色名录（2021） IUCN Red List（2021）	近危 / NT
濒危野生动植物种国际贸易公约附录（2019） CITES Appendix（2019）	附录Ⅱ / Appendix Ⅱ

特有性：非特有种。

致危因素：栖息地退化或丧失，人类活动干扰，捕猎。

本区分布：在阿拉善地区为留鸟（R），见于阿拉善盟各旗。

种群数量状况：尚没有调查数据，少见。

短趾雕

Circaetus gallicus Gmelin　　Short-toed Snake Eagle

动物界Animalia	脊索动物门Chordata	鸟纲Aves	鹰形目Accipitriformes	鹰科Accipitridae

王志芳 / 拍摄

保护和濒危等级：

国家重点保护野生动物名录（2021） Category of National Key Protected Wild Animals（2021）	二级 / Category Ⅱ
中国生物多样性红色名录：脊椎动物（2021） China's Red List of Biodiversity: Vertebrates（2021）	近危 / NT
世界自然保护联盟濒危物种红色名录（2021） IUCN Red List（2021）	无危 / LC
濒危野生动植物种国际贸易公约附录（2019） CITES Appendix（2019）	附录Ⅱ / Appendix Ⅱ

特有性：非特有种。

致危因素：栖息地退化或丧失，人类活动干扰。

本区分布：为阿拉善地区旅鸟（P）、夏候鸟（S），见于阿拉善左旗（贺兰山、腾格里沙漠）。

种群数量状况：尚没有调查数据，少见。

靴隼雕

Hieraaetus pennatus Gmelin　　Booted Eagle

动物界Animalia	脊索动物门Chordata	鸟纲Aves	鹰形目Accipitriformes	鹰科Accipitridae

王志芳 / 拍摄

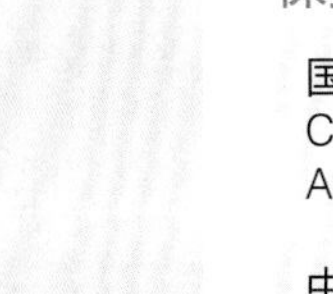

亚成体　王志芳 / 拍摄

保护和濒危等级：

国家重点保护野生动物名录（2021） Category of National Key Protected Wild Animals（2021）	二级 / Category Ⅱ
中国生物多样性红色名录：脊椎动物（2021） China's Red List of Biodiversity: Vertebrates（2021）	易危 / VU A2cd；C1
世界自然保护联盟濒危物种红色名录（2021） IUCN Red List（2021）	无危 / LC
濒危野生动植物种国际贸易公约附录（2019） CITES Appendix（2019）	附录Ⅱ / Appendix Ⅱ

特有性：非特有种。

致危因素：栖息地退化或丧失，人类活动干扰。

本区分布：在阿拉善地区为旅鸟（P），见于阿拉善左旗。

种群数量状况：尚没有调查数据，少见。

草原雕

Aquila nipalensis (Hodgson)　　Steppe Eagle

动物界Animalia	脊索动物门Chordata	鸟纲Aves	鹰形目Accipitriformes	鹰科Accipitridae

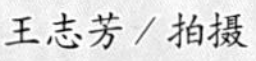
王志芳 / 拍摄

亚成体　王志芳 / 拍摄

王志芳 / 拍摄

保护和濒危等级：

国家重点保护野生动物名录（2021） Category of National Key Protected Wild Animals（2021）	一级 / Category Ⅰ
中国生物多样性红色名录：脊椎动物（2021） China's Red List of Biodiversity: Vertebrates（2021）	易危 / VU A2cd；C1+2b
世界自然保护联盟濒危物种红色名录（2021） IUCN Red List（2021）	濒危 / EN
濒危野生动植物种国际贸易公约附录（2019） CITES Appendix（2019）	附录Ⅱ / Appendix Ⅱ

特有性：非特有种。

致危因素：草原放牧，土地开垦，电线、大型发电机组建设等人类活动干扰。

本区分布：在阿拉善地区为夏候鸟（S），见于阿拉善盟各旗。

种群数量状况：尚没有调查数据，稀见。

白肩雕

Aquila heliaca Savigny　　Imperial Eagle

动物界Animalia	脊索动物门Chordata	鸟纲Aves	鹰形目Accipitriformes	鹰科Accipitridae

保护和濒危等级：

国家重点保护野生动物名录（2021） Category of National Key Protected Wild Animals（2021）	一级 / Category Ⅰ
中国生物多样性红色名录：脊椎动物（2021） China's Red List of Biodiversity: Vertebrates（2021）	濒危 / EN A2bcde+3cde+4bcde
世界自然保护联盟濒危物种红色名录（2021） IUCN Red List（2021）	易危 / VU
濒危野生动植物种国际贸易公约附录（2019） CITES Appendix（2019）	附录 Ⅰ / Appendix Ⅰ

特有性：非特有种。

致危因素：栖息地破碎，化学农药、除草剂等污染，人类活动干扰。

本区分布：在阿拉善地区为冬候鸟（W），见于额济纳旗。

种群数量状况：尚没有调查数据，罕见。

李常辉 / 拍摄

金雕

Aquila chrysaetos (Linnaeus)　　Golden Eagle

动物界Animalia	脊索动物门Chordata	鸟纲Aves	鹰形目Accipitriformes	鹰科Accipitridae

王志芳／拍摄

保护和濒危等级：

国家重点保护野生动物名录（2021） Category of National Key Protected Wild Animals（2021）	一级／ Category Ⅰ
中国生物多样性红色名录：脊椎动物（2021） China's Red List of Biodiversity: Vertebrates（2021）	易危／VU A2bcde+3bcde+4bcde; C2a（ⅰ）
世界自然保护联盟濒危物种红色名录（2021） IUCN Red List（2021）	无危／LC
濒危野生动植物种国际贸易公约附录（2019） CITES Appendix（2019）	附录Ⅱ／ Appendix Ⅱ

特有性：非特有种。

致危因素：人类活动干扰，鼠药、农药等污染，环境污染，食物资源的匮乏。

本区分布：在阿拉善地区为留鸟（R），见于阿拉善盟各旗。

种群数量状况：尚没有调查数据，稀见。

王志芳／拍摄

赤腹鹰

Accipiter soloensis Horsfield　　Chinese Sparrowhawk

动物界Animalia	脊索动物门Chordata	鸟纲Aves	鹰形目Accipitriformes	鹰科Accipitridae

保护和濒危等级：

国家重点保护野生动物名录（2021） Category of National Key Protected Wild Animals（2021）	二级 / Category Ⅱ
中国生物多样性红色名录：脊椎动物（2021） China's Red List of Biodiversity: Vertebrates（2021）	无危 / LC
世界自然保护联盟濒危物种红色名录（2021） IUCN Red List（2021）	无危 / LC
濒危野生动植物种国际贸易公约附录（2019） CITES Appendix（2019）	附录 Ⅱ / Appendix Ⅱ

特有性：非特有种。

致危因素：栖息地退化或丧失，人类活动干扰。

本区分布：在阿拉善地区为迷鸟（V），见于阿拉善左旗。

种群数量状况：尚没有调查数据，稀见。

王志芳 / 拍摄

日本松雀鹰

Accipiter gularis (Temminck *et* Schlegel)　Japanese Sparrowhawk

动物界Animalia	脊索动物门Chordata	鸟纲Aves	鹰形目Accipitriformes	鹰科Accipitridae

保护和濒危等级：

国家重点保护野生动物名录（2021）Category of National Key Protected Wild Animals（2021）	二级 / Category Ⅱ
中国生物多样性红色名录：脊椎动物（2021）China's Red List of Biodiversity: Vertebrates（2021）	无危 / LC
世界自然保护联盟濒危物种红色名录（2021）IUCN Red List（2021）	无危 / LC
濒危野生动植物种国际贸易公约附录（2019）CITES Appendix（2019）	附录Ⅱ / Appendix Ⅱ

特有性：非特有种。

致危因素：栖息地退化或丧失，环境污染，捕猎，人类活动干扰。

本区分布：在阿拉善地区为旅鸟（P），见于阿拉善左旗。

种群数量状况：尚没有调查数据，少见。

王志芳 / 拍摄

雀鹰

Accipiter nisus (Linnaeus)　　Eurasian Sparrowhawk

动物界Animalia	脊索动物门Chordata	鸟纲Aves	鹰形目Accipitriformes	鹰科Accipitridae

雄　王志芳／拍摄

雄　王志芳／拍摄

保护和濒危等级：

国家重点保护野生动物名录（2021） Category of National Key Protected Wild Animals（2021）	二级 / Category Ⅱ
中国生物多样性红色名录：脊椎动物（2021） China's Red List of Biodiversity: Vertebrates（2021）	无危 / LC
世界自然保护联盟濒危物种红色名录（2021） IUCN Red List（2021）	无危 / LC
濒危野生动植物种国际贸易公约附录（2019） CITES Appendix（2019）	附录Ⅱ / Appendix Ⅱ

特有性：非特有种。

致危因素：栖息地退化或丧失，环境污染，捕猎，人类活动干扰。

本区分布：在阿拉善地区为留鸟（R），见于阿拉善盟各旗。

种群数量状况：尚没有调查数据，少见。

苍鹰

Accipiter gentilis (Linnaeus)　　Northern Goshawk

动物界Animalia	脊索动物门Chordata	鸟纲Aves	鹰形目Accipitriformes	鹰科Accipitridae

幼　王志芳/拍摄

保护和濒危等级：

国家重点保护野生动物名录（2021） Category of National Key Protected Wild Animals（2021）	二级 / Category Ⅱ
中国生物多样性红色名录：脊椎动物（2021） China's Red List of Biodiversity: Vertebrates（2021）	近危 / NT
世界自然保护联盟濒危物种红色名录（2021） IUCN Red List（2021）	无危 / LC
濒危野生动植物种国际贸易公约附录（2019） CITES Appendix（2019）	附录Ⅱ / Appendix Ⅱ

特有性：非特有种。

致危因素：栖息地退化或丧失，环境污染，捕猎，人类活动干扰。

本区分布：在阿拉善地区为旅鸟（P），见于阿拉善左旗。

种群数量状况：尚没有调查数据，少见。

白头鹞

Circus aeruginosus (Linnaeus)　　Western Marsh Harrier

动物界Animalia	脊索动物门Chordata	鸟纲Aves	鹰形目Accipitriformes	鹰科Accipitridae

王志芳／拍摄

保护和濒危等级：

国家重点保护野生动物名录（2021） Category of National Key Protected Wild Animals（2021）	二级 / Category Ⅱ
中国生物多样性红色名录：脊椎动物（2021） China's Red List of Biodiversity: Vertebrates（2021）	近危 / NT
世界自然保护联盟濒危物种红色名录（2021） IUCN Red List（2021）	无危 / LC
濒危野生动植物种国际贸易公约附录（2019） CITES Appendix（2019）	附录Ⅱ / Appendix Ⅱ

特有性：非特有种。

致危因素：栖息地退化或丧失，人类活动干扰。

本区分布：在阿拉善地区为旅鸟（P），见于阿拉善左旗。

种群数量状况：尚没有调查数据，少见。

白腹鹞

Circus spilonotus Kaup　　Eastern Marsh Harrier

动物界Animalia	脊索动物门Chordata	鸟纲Aves	鹰形目Accipitriformes	鹰科Accipitridae

保护和濒危等级：

国家重点保护野生动物名录（2021） Category of National Key Protected Wild Animals（2021）	二级 / Category Ⅱ
中国生物多样性红色名录：脊椎动物（2021） China's Red List of Biodiversity: Vertebrates（2021）	近危 / NT
世界自然保护联盟濒危物种红色名录（2021） IUCN Red List（2021）	无危 / LC
濒危野生动植物种国际贸易公约附录（2019） CITES Appendix（2019）	附录Ⅱ / Appendix Ⅱ

特有性：非特有种。

致危因素：栖息地退化或丧失，人类活动干扰。

本区分布：在阿拉善地区为夏候鸟（S），见于阿拉善左旗。

种群数量状况：尚没有调查数据，常见。

雄　王志芳／拍摄

雌　王志芳／拍摄

白尾鹞

Circus cyaneus (Linnaeus)　　Hen Harrier

动物界Animalia	脊索动物门Chordata	鸟纲Aves	鹰形目Accipitriformes	鹰科Accipitridae

雄　王志芳／拍摄

雄　王志芳／拍摄

保护和濒危等级：

国家重点保护野生动物名录（2021） Category of National Key Protected Wild Animals（2021）	二级／ Category Ⅱ
中国生物多样性红色名录：脊椎动物（2021） China's Red List of Biodiversity: Vertebrates（2021）	近危／NT
世界自然保护联盟濒危物种红色名录（2021） IUCN Red List（2021）	无危／LC
濒危野生动植物种国际贸易公约附录（2019） CITES Appendix（2019）	附录Ⅱ／ Appendix Ⅱ

特有性：非特有种。

致危因素：栖息地退化或丧失，人类活动干扰。

本区分布：在阿拉善地区为冬候鸟（W），见于阿拉善盟各旗。

种群数量状况：尚没有调查数据，少见。

鹊鹞

Circus melanoleucos (Pennant)　　Pied Harrier

动物界Animalia	脊索动物门Chordata	鸟纲Aves	鹰形目Accipitriformes	鹰科Accipitridae

保护和濒危等级：

国家重点保护野生动物名录（2021） Category of National Key Protected Wild Animals（2021）	二级 / Category Ⅱ
中国生物多样性红色名录：脊椎动物（2021） China's Red List of Biodiversity: Vertebrates（2021）	近危 / NT
世界自然保护联盟濒危物种红色名录（2021） IUCN Red List（2021）	无危 / LC
濒危野生动植物种国际贸易公约附录（2019） CITES Appendix（2019）	附录Ⅱ / Appendix Ⅱ

特有性：非特有种。

致危因素：栖息地退化或丧失，捕猎，人类活动干扰。

本区分布：在阿拉善地区为旅鸟（P），见于阿拉善盟各旗。

种群数量状况：尚没有调查数据，常见。

王志芳／拍摄

黑鸢

Milvus migrans Boddaert　　Black Kite

动物界Animalia	脊索动物门Chordata	鸟纲Aves	鹰形目Accipitriformes	鹰科Accipitridae

幼　王志芳／拍摄

王志芳／拍摄

保护和濒危等级：

国家重点保护野生动物名录（2021） Category of National Key Protected Wild Animals（2021）	二级／ Category Ⅱ
中国生物多样性红色名录：脊椎动物（2021） China's Red List of Biodiversity: Vertebrates（2021）	无危／LC
世界自然保护联盟濒危物种红色名录（2021） IUCN Red List（2021）	无危／LC
濒危野生动植物种国际贸易公约附录（2019） CITES Appendix（2019）	附录Ⅱ／ Appendix Ⅱ

特有性：非特有种。

致危因素：栖息地退化或丧失，人类活动干扰。

本区分布：在阿拉善地区为旅鸟（P）、留鸟（R），见于阿拉善盟各旗。

种群数量状况：尚没有调查数据，少见。

玉带海雕

Haliaeetus leucoryphus (Pallas)　　Pallas's Fish Eagle

动物界Animalia	脊索动物门Chordata	鸟纲Aves	鹰形目Accipitriformes	鹰科Accipitridae

赵建平 / 拍摄

赵建平 / 拍摄

赵建平 / 拍摄

保护和濒危等级：

国家重点保护野生动物名录（2021） Category of National Key Protected Wild Animals（2021）	一级 / Category Ⅰ
中国生物多样性红色名录：脊椎动物（2021） China's Red List of Biodiversity: Vertebrates（2021）	濒危 / EN A2bcde+3cde +4bcde
世界自然保护联盟濒危物种红色名录（2021） IUCN Red List（2021）	濒危 / EN
濒危野生动植物种国际贸易公约附录（2019） CITES Appendix（2019）	附录Ⅱ / Appendix Ⅱ

特有性：非特有种。

致危因素：栖息地萎缩，生境质量下降，人类活动干扰。

本区分布：在阿拉善地区为旅鸟（P），见于额济纳旗。

种群数量状况：尚没有调查数据，稀见。

白尾海雕

Haliaeetus albicilla (Linnaeus) White-tailed Sea Eagle

动物界Animalia	脊索动物门Chordata	鸟纲Aves	鹰形目Accipitriformes	鹰科Accipitridae

保护和濒危等级：

国家重点保护野生动物名录（2021） Category of National Key Protected Wild Animals（2021）	一级 / Category Ⅰ
中国生物多样性红色名录：脊椎动物（2021） China's Red List of Biodiversity: Vertebrates（2021）	易危 / VU C1
世界自然保护联盟濒危物种红色名录（2021） IUCN Red List（2021）	无危 / LC
濒危野生动植物种国际贸易公约附录（2019） CITES Appendix（2019）	附录Ⅰ / Appendix Ⅰ

特有性：非特有种。

致危因素：栖息地退化或丧失，人类活动干扰，捕猎。

本区分布：在阿拉善地区为冬候鸟（W），见于阿拉善盟各旗。

种群数量状况：尚没有调查数据，稀见。

毛脚鵟

Buteo lagopus (Pontoppidan)　　Rough-legged Buzzard

动物界Animalia	脊索动物门Chordata	鸟纲Aves	鹰形目Accipitriformes	鹰科Accipitridae

张小玲／拍摄

保护和濒危等级：

国家重点保护野生动物名录（2021） Category of National Key Protected Wild Animals（2021）	二级／ Category Ⅱ
中国生物多样性红色名录：脊椎动物（2021） China's Red List of Biodiversity: Vertebrates（2021）	近危／NT
世界自然保护联盟濒危物种红色名录（2021） IUCN Red List（2021）	无危／LC
濒危野生动植物种国际贸易公约附录（2019） CITES Appendix（2019）	附录Ⅱ／ Appendix Ⅱ

特有性：非特有种。

致危因素：栖息地退化或丧失，人类活动干扰。

本区分布：在阿拉善地区为旅鸟（P），见于阿拉善左旗。

种群数量状况：尚没有调查数据，稀见。

张小玲／拍摄

大鵟

Buteo hemilasius Temminck *et* Schlegel　　Upland Buzzard

动物界Animalia	脊索动物门Chordata	鸟纲Aves	鹰形目Accipitriformes	鹰科Accipitridae

王志芳 / 拍摄

王志芳 / 拍摄

王志芳 / 拍摄

保护和濒危等级：

国家重点保护野生动物名录（2021） Category of National Key Protected Wild Animals（2021）	二级 / Category Ⅱ
中国生物多样性红色名录：脊椎动物（2021） China's Red List of Biodiversity: Vertebrates（2021）	易危 / VU A2ac
世界自然保护联盟濒危物种红色名录（2021） IUCN Red List（2021）	无危 / LC
濒危野生动植物种国际贸易公约附录（2019） CITES Appendix（2019）	附录Ⅱ / Appendix Ⅱ

特有性：非特有种。

致危因素：栖息地退化或丧失，人类活动干扰。

本区分布：在阿拉善地区为留鸟（R），见于阿拉善盟各旗。

种群数量状况：尚没有调查数据，少见。

普通鵟

Buteo japonicus (Temminck *et* Schlegel)　　Eastern Buzzard

动物界Animalia	脊索动物门Chordata	鸟纲Aves	鹰形目Accipitriformes	鹰科Accipitridae

保护和濒危等级：

国家重点保护野生动物名录（2021） Category of National Key Protected Wild Animals（2021）	二级 / Category Ⅱ
中国生物多样性红色名录：脊椎动物（2021） China's Red List of Biodiversity: Vertebrates（2021）	无危 / LC
世界自然保护联盟濒危物种红色名录（2021） IUCN Red List（2021）	无危 / LC
濒危野生动植物种国际贸易公约附录（2019） CITES Appendix（2019）	附录Ⅱ / Appendix Ⅱ

特有性：非特有种。

致危因素：栖息地退化或丧失，人类活动干扰。

本区分布：在阿拉善地区为旅鸟（P），见于阿拉善盟各旗。

种群数量状况：尚没有调查数据，少见。

王志芳 / 拍摄

王志芳 / 拍摄

棕尾鵟

Buteo rufinus (Cretzschmar)　　Long-legged Buzzard

动物界Animalia	脊索动物门Chordata	鸟纲Aves	鹰形目Accipitriformes	鹰科Accipitridae

王志芳／拍摄

幼　王志芳／拍摄

保护和濒危等级：

国家重点保护野生动物名录（2021） Category of National Key Protected Wild Animals（2021）	二级／ Category Ⅱ
中国生物多样性红色名录：脊椎动物（2021） China's Red List of Biodiversity: Vertebrates（2021）	近危／NT
世界自然保护联盟濒危物种红色名录（2021） IUCN Red List（2021）	无危／LC
濒危野生动植物种国际贸易公约附录（2019） CITES Appendix（2019）	附录Ⅱ／ Appendix Ⅱ

特有性：非特有种。

致危因素：栖息地退化或丧失，人类活动干扰。

本区分布：在阿拉善地区为留鸟（R），见于阿拉善盟各旗。

种群数量状况：尚没有调查数据，少见。

雕鸮

Bubo bubo (Linnaeus)　　Northern Eagle-Owl

动物界Animalia	脊索动物门Chordata	鸟纲Aves	鸮形目Strigiformes	鸱鸮科Strigidae

保护和濒危等级：

国家重点保护野生动物名录（2021） Category of National Key Protected Wild Animals（2021）	二级 / Category Ⅱ
中国生物多样性红色名录：脊椎动物（2021） China's Red List of Biodiversity: Vertebrates（2021）	近危 / NT
世界自然保护联盟濒危物种红色名录（2021） IUCN Red List（2021）	无危 / LC
濒危野生动植物种国际贸易公约附录（2019） CITES Appendix（2019）	附录Ⅱ / Appendix Ⅱ

特有性：非特有种。

致危因素：栖息地退化或丧失，人类活动干扰。

本区分布：在阿拉善地区为留鸟（R），见于阿拉善盟各旗。

种群数量状况：尚没有调查数据，稀见。

纵纹腹小鸮

Athene noctua (Scopoli)　　Little Owl

动物界Animalia	脊索动物门Chordata	鸟纲Aves	鸮形目Strigiformes	鸱鸮科Strigidae

保护和濒危等级：

国家重点保护野生动物名录（2021） Category of National Key Protected Wild Animals（2021）	二级 / Category Ⅱ
中国生物多样性红色名录：脊椎动物（2021） China's Red List of Biodiversity: Vertebrates（2021）	无危 / LC
世界自然保护联盟濒危物种红色名录（2021） IUCN Red List（2021）	无危 / LC
濒危野生动植物种国际贸易公约附录（2019） CITES Appendix（2019）	附录Ⅱ / Appendix Ⅱ

特有性：非特有种。

致危因素：栖息地退化或丧失，人类活动干扰。

本区分布：在阿拉善地区为留鸟（R），见于阿拉善盟各旗。

种群数量状况：尚没有调查数据，常见。

林剑声 / 拍摄

长耳鸮

Asio otus (Linnaeus)　　Long-eared Owl

动物界Animalia	脊索动物门Chordata	鸟纲Aves	鸮形目Strigiformes	鸱鸮科Strigidae

保护和濒危等级：

国家重点保护野生动物名录（2021） Category of National Key Protected Wild Animals（2021）	二级 / Category Ⅱ
中国生物多样性红色名录：脊椎动物（2021） China's Red List of Biodiversity: Vertebrates（2021）	无危 / LC
世界自然保护联盟濒危物种红色名录（2021） IUCN Red List（2021）	无危 / LC
濒危野生动植物种国际贸易公约附录（2019） CITES Appendix（2019）	附录Ⅱ / Appendix Ⅱ

特有性：非特有种。

致危因素：栖息地退化或丧失，人类活动干扰。

本区分布：在阿拉善地区为冬候鸟（W），见于阿拉善盟各旗。

种群数量状况：尚没有调查数据，常见。

王志芳／拍摄

短耳鸮

Asio flammeus (Pontoppidan)　　Short-eared Owl

动物界Animalia	脊索动物门Chordata	鸟纲Aves	鸮形目Strigiformes	鸱鸮科Strigidae

保护和濒危等级：

国家重点保护野生动物名录（2021） Category of National Key Protected Wild Animals（2021）	二级 / Category Ⅱ
中国生物多样性红色名录：脊椎动物（2021） China's Red List of Biodiversity: Vertebrates（2021）	近危 / NT
世界自然保护联盟濒危物种红色名录（2021） IUCN Red List（2021）	无危 / LC
濒危野生动植物种国际贸易公约附录（2019） CITES Appendix（2019）	附录Ⅱ / Appendix Ⅱ

特有性：非特有种。

致危因素：栖息地退化或丧失，人类活动干扰。

本区分布：在阿拉善地区为冬候鸟（W），见于阿拉善左旗。

种群数量状况：尚没有调查数据，稀见。

黄爪隼

Falco naumanni Fleischer　　Lesser Kestrel

动物界Animalia	脊索动物门Chordata	鸟纲Aves	隼形目Falconiformes	隼科Falconidae

雌　王志芳/拍摄

保护和濒危等级：

国家重点保护野生动物名录（2021） Category of National Key Protected Wild Animals（2021）	二级 / Category Ⅱ
中国生物多样性红色名录：脊椎动物（2021） China's Red List of Biodiversity: Vertebrates（2021）	易危 / VU A2bcde+3bcde+4bcde; C2a（ⅰ）
世界自然保护联盟濒危物种红色名录（2021） IUCN Red List（2021）	无危 / LC
濒危野生动植物种国际贸易公约附录（2019） CITES Appendix（2019）	附录Ⅱ / Appendix Ⅱ

特有性：非特有种。

致危因素：栖息地退化或丧失，人类活动干扰。

本区分布：在阿拉善地区为夏候鸟（S），见于阿拉善左旗、阿拉善右旗。

种群数量状况：尚没有调查数据，罕见。

雄　王志芳/拍摄

红隼

Falco tinnunculus Linnaeus　　Common Kestrel

动物界Animalia	脊索动物门Chordata	鸟纲Aves	隼形目Falconiformes	隼科Falconidae

雌　王志芳 / 拍摄

雄　王志芳 / 拍摄

王志芳 / 拍摄

保护和濒危等级：

国家重点保护野生动物名录（2021） Category of National Key Protected Wild Animals（2021）	二级 / Category Ⅱ
中国生物多样性红色名录：脊椎动物（2021） China's Red List of Biodiversity: Vertebrates（2021）	无危 / LC
世界自然保护联盟濒危物种红色名录（2021） IUCN Red List（2021）	无危 / LC
濒危野生动植物种国际贸易公约附录（2019） CITES Appendix（2019）	附录Ⅱ / Appendix Ⅱ

特有性：非特有种。

致危因素：栖息地退化或丧失，人类活动干扰。

本区分布：在阿拉善地区为留鸟（R），见于阿拉善盟各旗。

种群数量状况：尚没有调查数据，常见。

红脚隼

Falco amurensis Radde　　Amur Falcon

动物界Animalia	脊索动物门Chordata	鸟纲Aves	隼形目Falconiformes	隼科Falconidae

保护和濒危等级：

国家重点保护野生动物名录（2021） Category of National Key Protected Wild Animals（2021）	二级 / Category Ⅱ
中国生物多样性红色名录：脊椎动物（2021） China's Red List of Biodiversity: Vertebrates（2021）	近危 / NT
世界自然保护联盟濒危物种红色名录（2021） IUCN Red List（2021）	无危 / LC
濒危野生动植物种国际贸易公约附录（2019） CITES Appendix（2019）	附录Ⅱ / Appendix Ⅱ

特有性：非特有种。

致危因素：栖息地退化或丧失，人类活动干扰。

本区分布：在阿拉善地区为夏候鸟（S），见于阿拉善盟各旗。

种群数量状况：尚没有调查数据，常见。

幼　王志芳 / 拍摄

雌　王志芳 / 拍摄

雄　王志芳 / 拍摄

灰背隼

Falco columbarius Linnaeus　　Merlin

动物界Animalia	脊索动物门Chordata	鸟纲Aves	隼形目Falconiformes	隼科Falconidae

保护和濒危等级：

国家重点保护野生动物名录（2021） Category of National Key Protected Wild Animals（2021）	二级 / Category Ⅱ
中国生物多样性红色名录：脊椎动物（2021） China's Red List of Biodiversity: Vertebrates（2021）	近危 / NT
世界自然保护联盟濒危物种红色名录（2021） IUCN Red List（2021）	无危 / LC
濒危野生动植物种国际贸易公约附录（2019） CITES Appendix（2019）	附录Ⅱ / Appendix Ⅱ

特有性：非特有种。

致危因素：栖息地退化或丧失，人类活动干扰。

本区分布：在阿拉善地区为冬候鸟（W），见于阿拉善左旗。

种群数量状况：尚没有调查数据，少见。

雌　林剑声 / 拍摄

雄　王志芳 / 拍摄

雄幼　王志芳 / 拍摄

燕隼

Falco subbuteo Linnaeus　　Eurasian Hobby

动物界Animalia	脊索动物门Chordata	鸟纲Aves	隼形目Falconiformes	隼科Falconidae

保护和濒危等级：

国家重点保护野生动物名录（2021） Category of National Key Protected Wild Animals（2021）	二级 / Category Ⅱ
中国生物多样性红色名录：脊椎动物（2021） China's Red List of Biodiversity: Vertebrates（2021）	无危 / LC
世界自然保护联盟濒危物种红色名录（2021） IUCN Red List（2021）	无危 / LC
濒危野生动植物种国际贸易公约附录（2019） CITES Appendix（2019）	附录Ⅱ / Appendix Ⅱ

特有性：非特有种。

致危因素：栖息地退化或丧失，人类活动干扰。

本区分布：在阿拉善地区为夏候鸟（S），见于阿拉善盟各旗。

种群数量状况：尚没有调查数据，少见。

王志芳 / 拍摄

猎隼

Falco cherrug J. E. Gray　　Saker Falcon

动物界Animalia	脊索动物门Chordata	鸟纲Aves	隼形目Falconiformes	隼科Falconidae

王志芳 / 拍摄

王志芳 / 拍摄

保护和濒危等级：

国家重点保护野生动物名录（2021） Category of National Key Protected Wild Animals（2021）	一级 / Category Ⅰ
中国生物多样性红色名录：脊椎动物（2021） China's Red List of Biodiversity: Vertebrates（2021）	濒危 / EN A2bcde
世界自然保护联盟濒危物种红色名录（2021） IUCN Red List（2021）	濒危 / EN
濒危野生动植物种国际贸易公约附录（2019） CITES Appendix（2019）	附录Ⅱ / Appendix Ⅱ

特有性：非特有种。

致危因素：栖息地退化或丧失，人类活动干扰。

本区分布：在阿拉善地区为留鸟（R）、夏候鸟（S），见于阿拉善左旗。

种群数量状况：尚没有调查数据，少见。

游隼

Falco peregrinus Tunstall　　Peregrine Falcon

动物界Animalia	脊索动物门Chordata	鸟纲Aves	隼形目Falconiformes	隼科Falconidae

亚成体　王志芳 / 拍摄

保护和濒危等级：

国家重点保护野生动物名录（2021） Category of National Key Protected Wild Animals（2021）	二级 / Category Ⅱ
中国生物多样性红色名录：脊椎动物（2021） China's Red List of Biodiversity: Vertebrates（2021）	近危 / NT
世界自然保护联盟濒危物种红色名录（2021） IUCN Red List（2021）	无危 / LC
濒危野生动植物种国际贸易公约附录（2019） CITES Appendix（2019）	附录 Ⅰ / Appendix Ⅰ

特有性：非特有种。

致危因素：栖息地退化或丧失，人类活动干扰。

本区分布：在阿拉善地区为留鸟（R），见于阿拉善左旗、额济纳旗。

种群数量状况：尚没有调查数据，少见。

黑尾地鸦

Podoces hendersoni Hume　　Mongolian Ground Jay

动物界Animalia	脊索动物门Chordata	鸟纲Aves	雀形目Passeriformes	鸦科Corvidae

保护和濒危等级：

国家重点保护野生动物名录（2021） Category of National Key Protected Wild Animals（2021）	二级 / Category Ⅱ
中国生物多样性红色名录：脊椎动物（2021） China's Red List of Biodiversity: Vertebrates（2021）	易危 / VU C2（ⅰ）；D1
世界自然保护联盟濒危物种红色名录（2021） IUCN Red List（2021）	无危 / LC
濒危野生动植物种国际贸易公约附录（2019） CITES Appendix（2019）	无 / NA

特有性：非特有种。

致危因素：栖息地退化或丧失，人类活动干扰。

本区分布：在阿拉善地区为留鸟（R），见于阿拉善盟各旗。

种群数量状况：尚没有调查数据，常见。

王志芳 / 拍摄

蒙古百灵

Melanocorypha mongolica (Pallas)　　Mongolian Lark

动物界Animalia	脊索动物门Chordata	鸟纲Aves	雀形目Passeriformes	百灵科Alaudidae

王志芳／拍摄

保护和濒危等级：

国家重点保护野生动物名录（2021） Category of National Key Protected Wild Animals（2021）	二级／ Category Ⅱ
中国生物多样性红色名录：脊椎动物（2021） China's Red List of Biodiversity: Vertebrates（2021）	易危／VU A2abcd+B1b（ⅱ, ⅲ）
世界自然保护联盟濒危物种红色名录（2021） IUCN Red List（2021）	无危／LC
濒危野生动植物种国际贸易公约附录（2019） CITES Appendix（2019）	无／NA

特有性：非特有种。

致危因素：栖息地退化或丧失，人类活动干扰。

本区分布：在阿拉善地区为留鸟（R），见于阿拉善左旗。

种群数量状况：尚没有调查数据，稀见。

王志芳／拍摄

云雀

Alauda arvensis Linnaeus　　Eurasian Skylark

动物界Animalia	脊索动物门Chordata	鸟纲Aves	雀形目Passeriformes	百灵科Alaudidae

保护和濒危等级：

国家重点保护野生动物名录（2021） Category of National Key Protected Wild Animals（2021）	二级 / Category Ⅱ
中国生物多样性红色名录：脊椎动物（2021） China's Red List of Biodiversity: Vertebrates（2021）	无危 / LC
世界自然保护联盟濒危物种红色名录（2021） IUCN Red List（2021）	无危 / LC
濒危野生动植物种国际贸易公约附录（2019） CITES Appendix（2019）	无 / NA

特有性：非特有种。

致危因素：栖息地退化或丧失，人类活动干扰。

本区分布：在阿拉善地区为留鸟（R），见于阿拉善盟各旗。

种群数量状况：尚没有调查数据，少见。

王志芳 / 拍摄

贺兰山红尾鸲

Phoenicurus alaschanicus (Przewalski)　　Ala Shan Redstart

动物界Animalia	脊索动物门Chordata	鸟纲Aves	雀形目Passeriformes	鹟科Muscicapidae

雄　王志芳／拍摄

保护和濒危等级：

国家重点保护野生动物名录（2021） Category of National Key Protected Wild Animals（2021）	二级／ Category Ⅱ
中国生物多样性红色名录：脊椎动物（2021） China's Red List of Biodiversity: Vertebrates（2021）	濒危／EN B1b（ⅱ,ⅲ）; C2a（ⅰ,ⅱ）b
世界自然保护联盟濒危物种红色名录（2021） IUCN Red List（2021）	近危／NT
濒危野生动植物种国际贸易公约附录（2019） CITES Appendix（2019）	无／NA

雌　王志芳／拍摄

特有性：中国特有种。

致危因素：种群数量少，栖息地丧失。

本区分布：在阿拉善地区为留鸟（R），见于阿拉善左旗、阿拉善右旗。

种群数量状况：尚没有调查数据，少见。

白喉石䳭

Saxicola insignis G. R. Gray　White-throated Bushchat

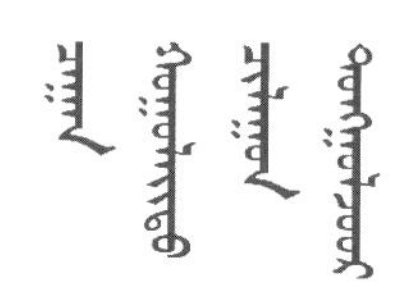

动物界Animalia	脊索动物门Chordata	鸟纲Aves	雀形目Passeriformes	鹟科Muscicapidae

保护和濒危等级：

国家重点保护野生动物名录（2021） Category of National Key Protected Wild Animals（2021）	二级 / Category Ⅱ
中国生物多样性红色名录：脊椎动物（2021） China's Red List of Biodiversity: Vertebrates（2021）	濒危 / EN C2a（ii）
世界自然保护联盟濒危物种红色名录（2021） IUCN Red List（2021）	易危 / VU
濒危野生动植物种国际贸易公约附录（2019） CITES Appendix（2019）	无 / NA

特有性：非特有种。

致危因素：栖息地被破坏，人类活动干扰。

本区分布：在阿拉善地区为旅鸟（P），见于阿拉善左旗、额济纳旗。

种群数量状况：尚没有调查数据，稀见。

布特其勒格 / 拍摄

贺兰山岩鹨

Prunella koslowi (Przewalski)　　Mongolian Accentor

动物界Animalia	脊索动物门Chordata	鸟纲Aves	雀形目Passeriformes	岩鹨科Prunellidae

保护和濒危等级：

国家重点保护野生动物名录（2021） Category of National Key Protected Wild Animals（2021）	二级 / Category Ⅱ
中国生物多样性红色名录：脊椎动物（2021） China's Red List of Biodiversity: Vertebrates（2021）	易危 / VU C2a（ⅰ）
世界自然保护联盟濒危物种红色名录（2021） IUCN Red List（2021）	无危 / LC
濒危野生动植物种国际贸易公约附录（2019） CITES Appendix（2019）	无 / NA

特有性：非特有种。

致危因素：种群数量少，栖息地退化。

本区分布：在阿拉善地区为留鸟（R），见于阿拉善左旗、阿拉善右旗。

种群数量状况：尚没有调查数据，少见。

王志芳 / 拍摄

北朱雀

Carpodacus roseus (Pallas)　　Pallas's Rosefinch

动物界Animalia	脊索动物门Chordata	鸟纲Aves	雀形目Passeriformes	燕雀科Fringillidae

雄　王志芳／拍摄

雄　王志芳／拍摄

保护和濒危等级：

国家重点保护野生动物名录（2021） Category of National Key Protected Wild Animals（2021）	二级 / Category Ⅱ
中国生物多样性红色名录：脊椎动物（2021） China's Red List of Biodiversity: Vertebrates（2021）	无危 / LC
世界自然保护联盟濒危物种红色名录（2021） IUCN Red List（2021）	无危 / LC
濒危野生动植物种国际贸易公约附录（2019） CITES Appendix（2019）	无 / NA

特有性：非特有种。

致危因素：栖息地退化或丧失。

本区分布：在阿拉善地区为旅鸟（P），见于阿拉善左旗。

种群数量状况：尚没有调查数据，少见。

红交嘴雀

Loxia curvirostra Linnaeus　　Red Crossbill

动物界Animalia	脊索动物门Chordata	鸟纲Aves	雀形目Passeriformes	燕雀科Fringillidae

雄　王志芳／拍摄

保护和濒危等级：

国家重点保护野生动物名录（2021） Category of National Key Protected Wild Animals（2021）	二级／ Category Ⅱ
中国生物多样性红色名录：脊椎动物（2021） China's Red List of Biodiversity: Vertebrates（2021）	无危／LC
世界自然保护联盟濒危物种红色名录（2021） IUCN Red List（2021）	无危／LC
濒危野生动植物种国际贸易公约附录（2019） CITES Appendix（2019）	无／NA

特有性：非特有种。

致危因素：栖息地退化或丧失。

本区分布：在阿拉善地区为留鸟（R），见于阿拉善左旗（贺兰山）。

种群数量状况：尚没有调查数据，少见。

雌　王志芳／拍摄

哺乳纲Mammalia

狼

Canis lupus Linnaeus　　Gray Wolf

动物界Animalia	脊索动物门Chordata	哺乳纲Mammalia	食肉目Carnivora	犬科Canidae

保护和濒危等级：

国家重点保护野生动物名录（2021） Category of National Key Protected Wild Animals（2021）	二级 / Category Ⅱ
中国生物多样性红色名录：脊椎动物（2021） China's Red List of Biodiversity: Vertebrates（2021）	近危 / NT
世界自然保护联盟濒危物种红色名录（2021） IUCN Red List（2021）	无危 / LC
濒危野生动植物种国际贸易公约附录（2019） CITES Appendix（2019）	附录Ⅱ / Appendix Ⅱ

特有性：非特有种。

致危因素：投毒，捕猎，人类活动干扰。

本区分布：阿拉善盟北部。

种群数量状况：尚没有调查数据，稀见。

Bayar B.（蒙古国）/ 拍摄

沙狐

Vulpes corsac (Linnaeus)　　Corsac Fox

动物界Animalia	脊索动物门Chordata	哺乳纲Mammalia	食肉目Carnivora	犬科Canidae

李常辉／拍摄

保护和濒危等级：

国家重点保护野生动物名录（2021） Category of National Key Protected Wild Animals（2021）	二级 / Category Ⅱ
中国生物多样性红色名录：脊椎动物（2021） China's Red List of Biodiversity: Vertebrates（2021）	近危 / NT
世界自然保护联盟濒危物种红色名录（2021） IUCN Red List（2021）	无危 / LC
濒危野生动植物种国际贸易公约附录（2019） CITES Appendix（2019）	无 / NA

特有性：非特有种。

致危因素：捕猎，人类活动干扰。

本区分布：阿拉善盟各旗。

种群数量状况：尚没有调查数据，少见。

李常辉／拍摄

赤狐

Vulpes vulpes (Linnaeus)　　Red Fox

ᠦᠨᠡᠭᠡ

动物界Animalia	脊索动物门Chordata	哺乳纲Mammalia	食肉目Carnivora	犬科Canidae

保护和濒危等级：

国家重点保护野生动物名录（2021） Category of National Key Protected Wild Animals（2021）	二级 / Category Ⅱ
中国生物多样性红色名录：脊椎动物（2021） China's Red List of Biodiversity: Vertebrates（2021）	近危 / NT
世界自然保护联盟濒危物种红色名录（2021） IUCN Red List（2021）	无危 / LC
濒危野生动植物种国际贸易公约附录（2019） CITES Appendix（2019）	附录Ⅲ / Appendix Ⅲ

特有性：非特有种。

致危因素：捕猎，人类活动干扰。

本区分布：阿拉善盟各旗。

种群数量状况：尚没有调查数据，少见。

石貂

Martes foina (Erxleben)　　Stone Marten

动物界Animalia	脊索动物门Chordata	哺乳纲Mammalia	食肉目Carnivora	鼬科Mustelidae

保护和濒危等级：

国家重点保护野生动物名录（2021） Category of National Key Protected Wild Animals（2021）	二级 / Category Ⅱ
中国生物多样性红色名录：脊椎动物（2021） China's Red List of Biodiversity: Vertebrates（2021）	濒危 / EN A3d; B1ab（ⅰ,ⅱ,ⅲ）+2ab（ⅰ,ⅱ,ⅲ）; C2a（ⅰ）
世界自然保护联盟濒危物种红色名录（2021） IUCN Red List（2021）	无危 / LC
濒危野生动植物种国际贸易公约附录（2019） CITES Appendix（2019）	附录Ⅲ / Appendix Ⅲ

特有性：非特有种。

致危因素：捕猎，疾病，人类活动干扰。

本区分布：阿拉善盟中北部（雅布赖山及周边低山丘陵地带）。

种群数量状况：尚没有调查数据，稀见。

艾鼬

Mustela eversmanii Lesson　　Steppe Polecat

动物界Animalia	脊索动物门Chordata	哺乳纲Mammalia	食肉目Carnivora	鼬科Mustelidae

保护和濒危等级：

国家重点保护野生动物名录（2021） Category of National Key Protected Wild Animals（2021）	无 / NA
中国生物多样性红色名录：脊椎动物（2021） China's Red List of Biodiversity: Vertebrates（2021）	易危 / VU A3d；C2a（ⅰ）
世界自然保护联盟濒危物种红色名录（2021） IUCN Red List（2021）	无危 / LC
濒危野生动植物种国际贸易公约附录（2019） CITES Appendix（2019）	无 / NA

特有性：非特有种。

致危因素：栖息地退化或丧失，捕猎，二次中毒，人类活动干扰。

本区分布：阿拉善左旗。

种群数量状况：尚没有调查数据，稀见。

蔡海勇 / 拍摄

虎鼬

Vormela peregusna (Güldenstädt)　Marbled Polecat

动物界Animalia	脊索动物门Chordata	哺乳纲Mammalia	食肉目Carnivora	鼬科Mustelidae

额尔登格日勒／拍摄

保护和濒危等级：

国家重点保护野生动物名录（2021） Category of National Key Protected Wild Animals（2021）	无 / NA
中国生物多样性红色名录：脊椎动物（2021） China's Red List of Biodiversity: Vertebrates（2021）	濒危 / EN A3d；C2a（ i ）
世界自然保护联盟濒危物种红色名录（2021） IUCN Red List（2021）	易危 / VU
濒危野生动植物种国际贸易公约附录（2019） CITES Appendix（2019）	无 / NA

特有性：非特有种。

致危因素：捕猎，农药的危害，人类活动干扰。

本区分布：阿拉善左旗。

种群数量状况：尚没有调查数据，稀见。

荒漠猫

Felis bieti Milne-Edwards　　Chinese Mountain Cat

动物界Animalia	脊索动物门Chordata	哺乳纲Mammalia	食肉目Carnivora	猫科Felidae

保护和濒危等级：

国家重点保护野生动物名录（2021） Category of National Key Protected Wild Animals（2021）	一级 / Category Ⅰ
中国生物多样性红色名录：脊椎动物（2021） China's Red List of Biodiversity: Vertebrates（2021）	极危 / CR A2ab
世界自然保护联盟濒危物种红色名录（2021） IUCN Red List（2021）	易危 / VU
濒危野生动植物种国际贸易公约附录（2019） CITES Appendix（2019）	附录Ⅱ / Appendix Ⅱ

特有性：中国特有种。

致危因素：种群数量少，栖息地退化或丧失，人类活动干扰。

本区分布：阿拉善盟各旗。

种群数量状况：尚没有调查数据，稀见。

熊吉吉 / 拍摄

野猫 草原斑猫

Felis silvestris Schreber Wild Cat

动物界Animalia	脊索动物门Chordata	哺乳纲Mammalia	食肉目Carnivora	猫科Felidae

保护和濒危等级：

国家重点保护野生动物名录（2021） Category of National Key Protected Wild Animals（2021）	二级 / Category Ⅱ
中国生物多样性红色名录：脊椎动物（2021） China's Red List of Biodiversity: Vertebrates（2021）	濒危 / EN A2ab
世界自然保护联盟濒危物种红色名录（2021） IUCN Red List（2021）	无危 / LC
濒危野生动植物种国际贸易公约附录（2019） CITES Appendix（2019）	附录Ⅱ / Appendix Ⅱ

特有性：非特有种。

致危因素：杂交，投毒，人类活动干扰。

本区分布：阿拉善盟各旗。

种群数量状况：尚没有调查数据，稀见。

张晖/拍摄

兔狲

Otocolobus manul Pallas　　Pallas, Cat

动物界Animalia	脊索动物门Chordata	哺乳纲Mammalia	食肉目Carnivora	猫科Felidae

蔡海勇 / 拍摄

蔡海勇 / 拍摄

保护和濒危等级：

国家重点保护野生动物名录（2021） Category of National Key Protected Wild Animals（2021）	二级 / Category Ⅱ
中国生物多样性红色名录：脊椎动物（2021） China's Red List of Biodiversity: Vertebrates（2021）	濒危 / EN A2ab; B1ab（ⅰ, ⅱ, ⅲ）
世界自然保护联盟濒危物种红色名录（2021） IUCN Red List（2021）	无危 / LC
濒危野生动植物种国际贸易公约附录（2019） CITES Appendix（2019）	附录Ⅱ / Appendix Ⅱ

特有性：非特有种。

致危因素：捕猎，鼠药，食物缺乏，人类活动干扰。

本区分布：阿拉善左旗（贺兰山）。

种群数量状况：尚没有调查数据，稀见。

猞猁

Lynx lynx (Linnaeus)　　Eurasian Lynx

动物界Animalia	脊索动物门Chordata	哺乳纲Mammalia	食肉目Carnivora	猫科Felidae

日代／拍摄

保护和濒危等级：

国家重点保护野生动物名录（2021） Category of National Key Protected Wild Animals（2021）	二级／ Category Ⅱ
中国生物多样性红色名录：脊椎动物（2021） China's Red List of Biodiversity: Vertebrates（2021）	濒危／EN A2ab
世界自然保护联盟濒危物种红色名录（2021） IUCN Red List（2021）	无危／LC
濒危野生动植物种国际贸易公约附录（2019） CITES Appendix（2019）	附录Ⅱ／ Appendix Ⅱ

特有性：非特有种。

致危因素：种群数量少，捕猎，食物缺乏。

本区分布：阿拉善左旗、额济纳旗。

种群数量状况：尚没有调查数据，罕见。

豹猫

Prionailurus bengalensis Kerr　　Leopard Cat

动物界Animalia	脊索动物门Chordata	哺乳纲Mammalia	食肉目Carnivora	猫科Felidae

保护和濒危等级：

国家重点保护野生动物名录（2021） Category of National Key Protected Wild Animals（2021）	二级 / Category Ⅱ
中国生物多样性红色名录：脊椎动物（2021） China's Red List of Biodiversity: Vertebrates（2021）	易危 / VU A2ab; B1ab（ⅰ, ⅱ, ⅲ）
世界自然保护联盟濒危物种红色名录（2021） IUCN Red List（2021）	无危 / LC
濒危野生动植物种国际贸易公约附录（2019） CITES Appendix（2019）	附录Ⅰ / Appendix Ⅰ

特有性：非特有种。

致危因素：捕猎，杂交，人类活动干扰。

本区分布：阿拉善左旗。

种群数量状况：尚没有调查数据，稀见。

熊吉吉 / 拍摄

熊吉吉 / 拍摄

雪豹

Panthera uncia (Schreber)　　Snow Leopard

ᠴᠠᠰᠤᠨ ᠢᠷᠪᠢᠰ

动物界Animalia	脊索动物门Chordata	哺乳纲Mammalia	食肉目Carnivora	猫科Felidae

武亦乾 / 拍摄

保护和濒危等级：

国家重点保护野生动物名录（2021） Category of National Key Protected Wild Animals（2021）	一级 / Category Ⅰ
中国生物多样性红色名录：脊椎动物（2021） China's Red List of Biodiversity: Vertebrates（2021）	濒危 / EN A2ab；B1ab（ⅰ，ⅱ，ⅲ）
世界自然保护联盟濒危物种红色名录（2021） IUCN Red List（2021）	易危 / VU
濒危野生动植物种国际贸易公约附录（2019） CITES Appendix（2019）	附录Ⅰ / Appendix Ⅰ

特有性：非特有种。

致危因素：食物缺乏，捕猎，人类活动干扰。

本区分布：贺兰山历史上就有雪豹记录，后来因种种原因雪豹在贺兰山消失于20世纪50年代，2021年贺兰山重现雪豹的足迹。

种群数量状况：尚没有调查数据，罕见。

包日夫 / 拍摄

蒙古野驴

Equus hemionus Pallas　　Asiatic Wild Ass

动物界Animalia	脊索动物门Chordata	哺乳纲Mammalia	奇蹄目Perissodactyla	马科Equidae

保护和濒危等级：

国家重点保护野生动物名录（2021） Category of National Key Protected Wild Animals（2021）	一级 / Category Ⅰ
中国生物多样性红色名录：脊椎动物（2021） China's Red List of Biodiversity: Vertebrates（2021）	易危 / VU A1acd; B1ab（ⅰ, ⅱ, ⅲ） +2ab（ⅰ, ⅱ, ⅲ）
世界自然保护联盟濒危物种红色名录（2021） IUCN Red List（2021）	近危 / NT
濒危野生动植物种国际贸易公约附录（2019） CITES Appendix（2019）	附录Ⅱ / Appendix Ⅱ

特有性：非特有种。

致危因素：栖息地退化或丧失，捕猎，人类活动干扰。

本区分布：阿拉善盟北部。

种群数量状况：尚没有调查数据，20世纪90年代以前阿拉善地区北部较常见，20世纪90年代后阿拉善地区稀见。

阿拉德尔图 / 拍摄

野骆驼

Camelus ferus Przewalski　　Bactrian Camel

ᠲᠠᠬᠢ

动物界Animalia	脊索动物门Chordata	哺乳纲Mammalia	偶蹄目Artiodactyla	骆驼科Camelidae

保护和濒危等级：

国家重点保护野生动物名录（2021） Category of National Key Protected Wild Animals（2021）	一级 / Category Ⅰ
中国生物多样性红色名录：脊椎动物（2021） China's Red List of Biodiversity: Vertebrates（2021）	极危 / CR A1acd；B1ab（ⅰ,ⅱ,ⅲ）+2ab（ⅰ,ⅱ,ⅲ）
世界自然保护联盟濒危物种红色名录（2021） IUCN Red List（2021）	极危 / CR
濒危野生动植物种国际贸易公约附录（2019） CITES Appendix（2019）	无 / NA

特有性：非特有种。

致危因素：分布局限，栖息地退化或丧失，与家骆驼杂交，人类活动干扰。

本区分布：20世纪五六十年代阿拉善地区北部、西部均有分布，20世纪90年代后仅额济纳旗（马鬃山地区）有分布。

种群数量状况：尚没有调查数据，少见。

Bayar B.（蒙古国）/ 拍摄

马麝

Moschus chrysogaster Hodgson　　Alpine Musk Deer

动物界Animalia	脊索动物门Chordata	哺乳纲Mammalia	偶蹄目Artiodactyla	麝科Moschidae

王兆鼎 / 拍摄

王兆鼎 / 拍摄

保护和濒危等级：

国家重点保护野生动物名录（2021） Category of National Key Protected Wild Animals（2021）	一级 / Category Ⅰ
中国生物多样性红色名录：脊椎动物（2021） China's Red List of Biodiversity: Vertebrates（2021）	极危 / CR A1acd; B1ab（ⅰ，ⅱ，ⅲ）
世界自然保护联盟濒危物种红色名录（2021） IUCN Red List（2021）	濒危 / EN
濒危野生动植物种国际贸易公约附录（2019） CITES Appendix（2019）	附录Ⅱ / Appendix Ⅱ

特有性：非特有种。

致危因素：捕猎，天敌（雪豹、狐狸、金雕、流浪狗）。

本区分布：阿拉善左旗（贺兰山）。

种群数量状况：在贺兰山地区，20世纪50年代到80年代种群数量由近2万只下降至2000只左右，80年代到90年代中期下降至200只左右，21世纪初仅存不足100只。

马鹿

Cervus canadensis Milne-Edwards　　Elk

动物界Animalia	脊索动物门Chordata	哺乳纲Mammalia	偶蹄目Artiodactyla	鹿科Cervidae

陶格日勒／拍摄

保护和濒危等级：

国家重点保护野生动物名录（2021） Category of National Key Protected Wild Animals（2021）	二级 / Category Ⅱ
中国生物多样性红色名录：脊椎动物（2021） China's Red List of Biodiversity: Vertebrates（2021）	濒危 / EN B1ab（ⅰ, ⅱ, ⅲ） +2ab（ⅰ, ⅱ, ⅲ）
世界自然保护联盟濒危物种红色名录（2021） IUCN Red List（2021）	无危 / LC
濒危野生动植物种国际贸易公约附录（2019） CITES Appendix（2019）	无 / NA

特有性：非特有种。

致危因素：捕猎，流浪狗。

本区分布：阿拉善左旗（贺兰山）。

种群数量状况：在贺兰山地区，20世纪90年代种群数量1500只左右，21世纪初种群数量为7000只左右。

鹅喉羚

Gazella subgutturosa Blanford　　Yarkand Goitered Gazelle

动物界Animalia	脊索动物门Chordata	哺乳纲Mammalia	偶蹄目Artiodactyla	牛科Bovidae

保护和濒危等级：

国家重点保护野生动物名录（2021） Category of National Key Protected Wild Animals（2021）	二级 / Category Ⅱ
中国生物多样性红色名录：脊椎动物（2021） China's Red List of Biodiversity: Vertebrates（2021）	易危 / VU A1acd; B1ab（ⅰ, ⅱ, ⅲ）
世界自然保护联盟濒危物种红色名录（2021） IUCN Red List（2021）	易危 / VU
濒危野生动植物种国际贸易公约附录（2019） CITES Appendix（2019）	无 / NA

特有性：非特有种。

致危因素：捕猎，人类活动干扰，生境丧失。

本区分布：阿拉善盟各旗。

种群数量状况：尚没有调查数据。20世纪70年代以前种群数量较多，几只到几十只的种群常见；20世纪八九十年代种群数量急剧下降；21世纪初2～8只小群稀见。

图门吉日格勒／拍摄

阿拉德尔图／拍摄

图门吉日格勒／拍摄

北山羊

Capra sibirica Pallas　　Siberian Ibex

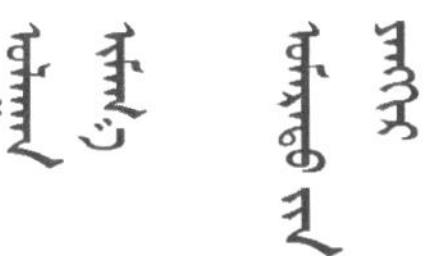

动物界Animalia	脊索动物门Chordata	哺乳纲Mammalia	偶蹄目Artiodactyla	牛科Bovidae

保护和濒危等级：

国家重点保护野生动物名录（2021） Category of National Key Protected Wild Animals（2021）	二级／ Category Ⅱ
中国生物多样性红色名录：脊椎动物（2021） China's Red List of Biodiversity: Vertebrates（2021）	近危／NT
世界自然保护联盟濒危物种红色名录（2021） IUCN Red List（2021）	近危／NT
濒危野生动植物种国际贸易公约附录（2019） CITES Appendix（2019）	附录Ⅲ／ Appendix Ⅲ

特有性：非特有种。

致危因素：狩猎，生境退化，人类活动干扰。

本区分布：额济纳旗（马鬃山）。

种群数量状况：尚没有调查数据，少见。

岩羊

Pseudois nayaur Hodgson Bharal

动物界Animalia	脊索动物门Chordata	哺乳纲Mammalia	偶蹄目Artiodactyla	牛科Bovidae

保护和濒危等级：

国家重点保护野生动物名录（2021） Category of National Key Protected Wild Animals（2021）	二级 / Category Ⅱ
中国生物多样性红色名录：脊椎动物（2021） China's Red List of Biodiversity: Vertebrates（2021）	无危 / LC
世界自然保护联盟濒危物种红色名录（2021） IUCN Red List（2021）	无危 / LC
濒危野生动植物种国际贸易公约附录（2019） CITES Appendix（2019）	附录 Ⅲ / Appendix Ⅲ

特有性：非特有种。

致危因素：捕猎，生境丧失，天敌（狐狸、金雕、流浪狗）。

本区分布：阿拉善左旗（贺兰山）、阿拉善右旗（雅布赖山、龙首山）。

种群数量状况：在贺兰山地区，20世纪90年代种群数量1.5万只左右，21世纪初4.5万只左右。

陶格日勒／拍摄

戈壁盘羊

Ovis darwini Przewalski　　Gobi Argali

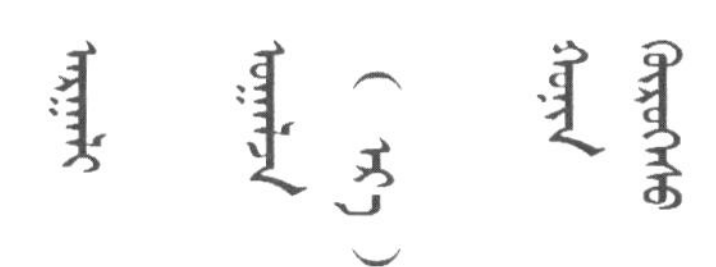

动物界Animalia	脊索动物门Chordata	哺乳纲Mammalia	偶蹄目Artiodactyla	牛科Bovidae

保护和濒危等级：

国家重点保护野生动物名录（2021） Category of National Key Protected Wild Animals（2021）	二级 / Category Ⅱ
中国生物多样性红色名录：脊椎动物（2021） China's Red List of Biodiversity: Vertebrates（2021）	极危 / CR B1ab（ⅰ,ⅱ,ⅲ）
世界自然保护联盟濒危物种红色名录（2021） IUCN Red List（2021）	近危 / NT
濒危野生动植物种国际贸易公约附录（2019） CITES Appendix（2019）	附录Ⅱ / Appendix Ⅱ

特有性：非特有种。

致危因素：种群数量少，栖息地退化或丧失，捕猎，人类活动干扰。

本区分布：阿拉善盟中北部（雅布赖山及周边低山丘陵地带）。

种群数量状况：尚没有调查数据，少见。

包日夫 / 拍摄

阿拉德尔图 / 拍摄

何立国 / 拍摄

贺兰山鼠兔

Ochotona argentata Howell　　Helanshan Pika

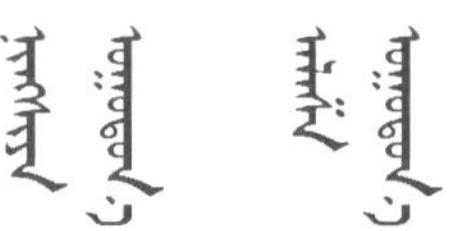

动物界Animalia	脊索动物门Chordata	哺乳纲Mammalia	兔形目Lagomorpha	鼠兔科Ochotonidae

王兆锭／拍摄

王兆锭／拍摄

保护和濒危等级：

国家重点保护野生动物名录（2021） Category of National Key Protected Wild Animals（2021）	二级 / Category Ⅱ
中国生物多样性红色名录：脊椎动物（2021） China's Red List of Biodiversity: Vertebrates（2021）	数据缺乏 / DD
世界自然保护联盟濒危物种红色名录（2021） IUCN Red List（2021）	濒危 / EN
濒危野生动植物种国际贸易公约附录（2019） CITES Appendix（2019）	无 / NA

特有性：贺兰山特有种。

致危因素：分布狭窄，天敌（狐狸、猛禽）。

本区分布：阿拉善左旗（贺兰山）。

种群数量状况：尚没有调查数据，少见。

第3章

阿拉善珍稀濒危野生植物

国家重点保护野生植物

发菜

Nostoc flagelliforme Born. *et* Flah.

藻类Algae	蓝藻门Cyanophyta	念珠藻科Nostocaceae	念珠藻属*Nostoc*

达来／拍摄

保护和濒危等级：

国家重点保护野生植物名录（2021） Catalogue of the National Protected Key Wild Plants（2021）	一级 / Category I
中国高等植物受威胁物种名录（2017） Threatened Species List of China's Higher Plants（2017）	无 / NA

特有性：非特有种。

致危因素：过度采拾。

保护价值：改良荒漠土壤；高营养食用植物。

本区分布：本区分布广泛，分布区域多个，阿拉善盟各旗均有分布。

种群数量状况：本区种群数量多。

斑子麻黄

Ephedra rhytidosperma Pachom.

植物界Plantae	裸子植物门Gymnospermae	麻黄科Ephedraceae	麻黄属*Ephedra*

保护和濒危等级：

国家重点保护野生植物名录（2021） Catalogue of the National Protected Key Wild Plants（2021）	二级 / Category Ⅱ
中国高等植物受威胁物种名录（2017） Threatened Species List of China's Higher Plants（2017）	濒危 / EN B2b（ⅰ，ⅱ，ⅲ，ⅴ）； C（ⅰ，ⅱ，ⅳ）

特有性：贺兰山及周边地区特有种。

致危因素：生境退化，干旱。

保护价值：特有珍稀植物，麻黄属（或科）中形态特征为最特殊的种，对植物系统进化和分类研究具有重要的科学价值；荒漠区造林灌木；草质茎入药。

本区分布：本区分布局限，仅阿拉善左旗（贺兰山及周边地区）有分布。

种群数量状况：本区种群数量少。

沙芦草

Agropyron mongolicum Keng

植物界Plantae	被子植物门Angiospermae	禾本科Poaceae	冰草属*Agropyron*

达来 / 拍摄　　达来 / 拍摄

保护和濒危等级:

国家重点保护野生植物名录（2021） Catalogue of the National Protected Key Wild Plants（2021）	二级 / Category Ⅱ
中国高等植物受威胁物种名录（2017） Threatened Species List of China's Higher Plants（2017）	无 / NA

特有性：中国特有种。

致危因素：种群数量稀少，过度放牧，干旱。

保护价值：特有植物；沙质荒漠区固沙植物；优等饲用植物。

本区分布：本区分布狭窄，仅阿拉善左旗（贺兰山及周边地区）有分布。

种群数量状况：本区种群数量稀少。

达来 / 拍摄

达来 / 拍摄

阿拉善披碱草　阿拉善鹅观草

Elymus alashanicus (Keng) S. L. Chen

植物界Plantae	被子植物门Angiospermae	禾本科Poaceae	披碱草属*Elymus*

保护和濒危等级：

国家重点保护野生植物名录（2021） Catalogue of the National Protected Key Wild Plants（2021）	二级 / Category Ⅱ
中国高等植物受威胁物种名录（2017） Threatened Species List of China's Higher Plants（2017）	无 / NA

特有性：中国特有种。

致危因素：种群数量稀少，动物的过度啃食，干旱。

保护价值：特有植物；良等饲用植物。

本区分布：本区分布局限，分布区域2个，仅阿拉善左旗（贺兰山）、阿拉善右旗（龙首山）有分布。

种群数量状况：本区种群数量少。

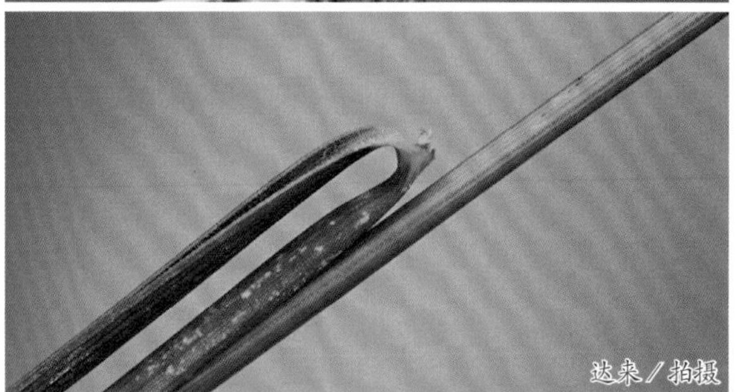

锁阳

Cynomorium songaricum Rupr.

植物界Plantae	被子植物门Angiospermae	锁阳科Cynomoriaceae	锁阳属*Cynomorium*

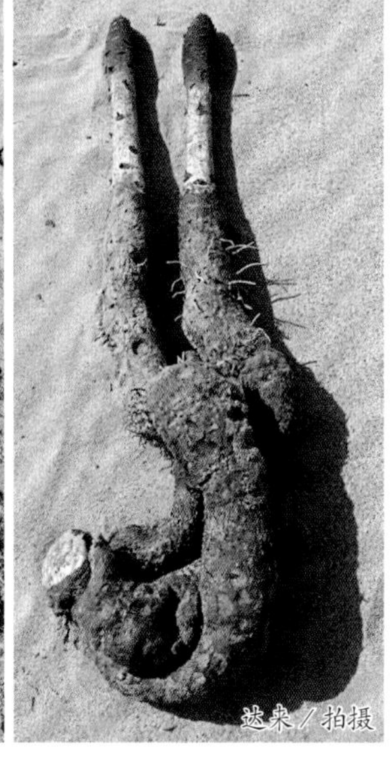

保护和濒危等级：

国家重点保护野生植物名录（2021） Catalogue of the National Protected Key Wild Plants（2021）	二级 / Category Ⅱ
中国高等植物受威胁物种名录（2017） Threatened Species List of China's Higher Plants（2017）	易危 / VU A2c；B1ab（ⅰ，ⅲ）；C1

特有性：非特有种。

致危因素：过度采挖，干旱。

保护价值：药用植物，入中蒙药；可作优质饲料及特色食品。

本区分布：本区分布广泛，分布区域多个，阿拉善盟各旗均有分布。

种群数量状况：本区种群数量多。

四合木
Tetraena mongolica Maxim.

植物界Plantae	被子植物门ngiospermae	蒺藜科Zygophyllaceae	四合木属*Tetraena*

保护和濒危等级：

国家重点保护野生植物名录（2021） Catalogue of the National Protected Key Wild Plants（2021）	二级 / Category Ⅱ
中国高等植物受威胁物种名录（2017） Threatened Species List of China's Higher Plants（2017）	易危 / VU A2c

特有性：贺兰山—桌子山特有种，亦为中国特有种。

致危因素：种群数量稀少，生境遭到破坏，干旱。

保护价值：特有珍稀植物、单型属植物、古地中海孑遗种，对植物演化、分类及区系研究具有极其重要的科学价值；生物地理区特有生态类型的建群种和优势种；防风固沙植物。

本区分布：本区分布狭窄，仅阿拉善左旗（贺兰山北端）有分布。

种群数量状况：本区种群数量稀少。

迭来 / 拍摄

迭来 / 拍摄

迭来 / 拍摄

迭来 / 拍摄

沙冬青

Ammopiptanthus mongolicus (Maxim. ex Kom.) S. H. Cheng

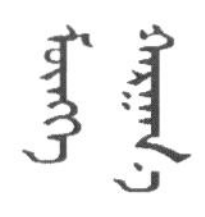

植物界Plantae	被子植物门Angiospermae	豆科Fabaceae	沙冬青属*Ammopiptanthus*

陶格日勒 / 拍摄

达来 / 拍摄

达来 / 拍摄

达来 / 拍摄

保护和濒危等级：

国家重点保护野生植物名录（2021） Catalogue of the National Protected Key Wild Plants（2021）	二级 / Category Ⅱ
中国高等植物受威胁物种名录（2017） Threatened Species List of China's Higher Plants（2017）	易危 / VU A2c

特有性：阿拉善特有种。

致危因素：虫鼠害、干旱。

保护价值：特有的古老常绿残遗植物，对亚洲中部的荒漠植物区系的起源、进化研究具有重要的科学价值；生物地理区特有、典型生态类型的建群种和优势种；重要的防风固沙植物；可作园林绿化、观赏植物。

本区分布：本区分布广泛，分布地区域多个，阿拉善左旗大面积集中分布、阿拉善右旗和额济纳旗零星分布。

种群数量状况：种群数量多。

胀果甘草
Glycyrrhiza inflata Batal.

植物界Plantae	被子植物门Angiospermae	豆科Fabaceae	甘草属*Glycyrrhiza*

保护和濒危等级：

国家重点保护野生植物名录（2021） Catalogue of the National Protected Key Wild Plants（2021）	二级 / Category Ⅱ
中国高等植物受威胁物种名录（2017） Threatened Species List of China's Higher Plants（2017）	无 / NA

特有性：非特有种。

致危因素：种群数量稀少，生境退化。

保护价值：盐碱地水土保持、土壤改良植物；荒漠区湖泊、河岸带固沙植物；优良饲用植物；根和根状茎入药。

本区分布：本区分布狭窄，仅额济纳旗（黑河流域）分布。

种群数量状况：本区种群数量稀少。

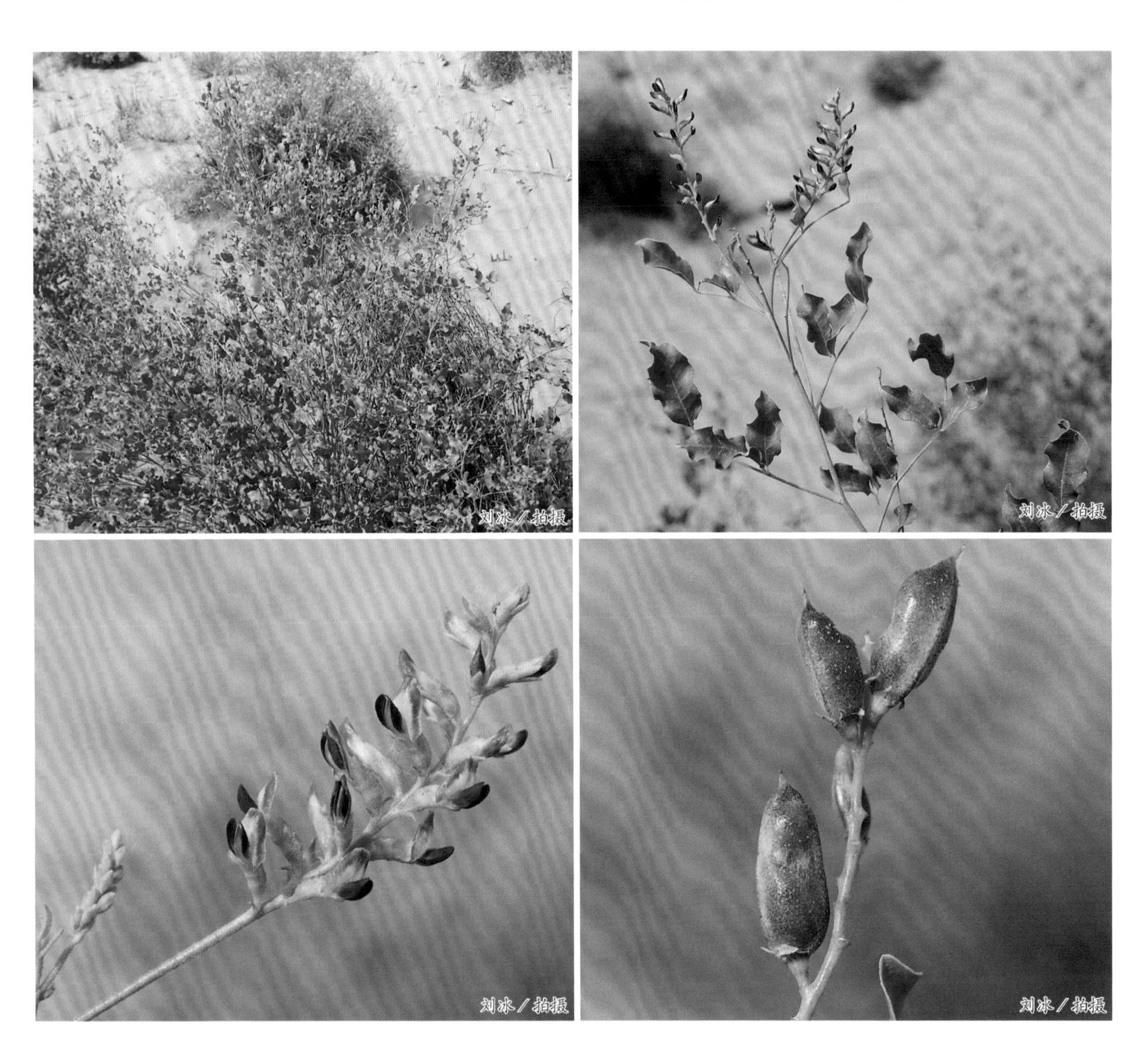

甘草

Glycyrrhiza uralensis Fisch. ex DC.

植物界Plantae	被子植物门Angiospermae	豆科Fabaceae	甘草属*Glycyrrhiza*

达来／拍摄

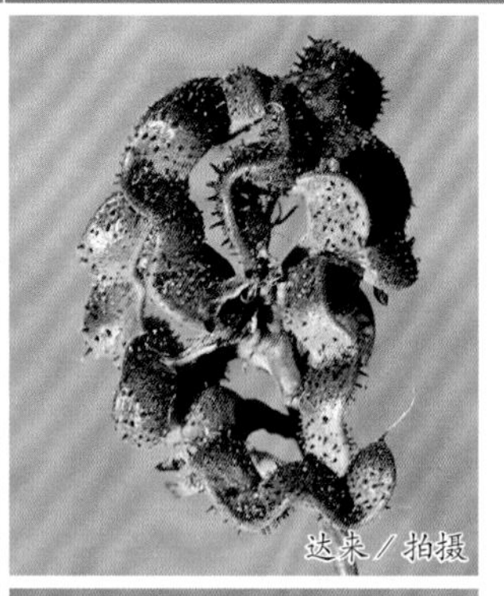

达来／拍摄

达来／拍摄

保护和濒危等级：

国家重点保护野生植物名录（2021） Catalogue of the National Protected Key Wild Plants（2021）	二级／Category Ⅱ
中国高等植物受威胁物种名录（2017） Threatened Species List of China's Higher Plants（2017）	无／NA

特有性：非特有种。

致危因素：人为采挖；生境退化。

保护价值：盐碱地水土保持、土壤改良植物；荒漠区湖泊、河岸带固沙植物；优良饲用植物；根和根状茎入药。

本区分布：本区分布广泛，分布区域多个，阿拉善盟各旗均有分布。

种群数量状况：本区种群数量较少。

达来／拍摄

绵刺

Potaninia mongolica Maxim.

保护和濒危等级：

国家重点保护野生植物名录（2021） Catalogue of the National Protected Key Wild Plants（2021）	二级 / Category Ⅱ
中国高等植物受威胁物种名录（2017） Threatened Species List of China's Higher Plants（2017）	易危 / VU A2c；C1+2a（ii）

特有性：阿拉善近特有种（阿拉善地区为主要分布区，周边零星分布）。

致危因素：干旱，过度放牧。

保护价值：特有珍稀植物、单型属植物、古老残遗种、古地中海植物区系的后裔种，对植物进化和分类研究具有重要的科学价值；生物地理区特有生态类型的建群种和优势种；重要的防风固沙植物；优等饲用植物。

本区分布：本区分布广泛，分布区域多个，阿拉善左旗、阿拉善右旗均有分布。

种群数量状况：本区种群数量多。

蒙古扁桃

Prunus mongolica Maxim.

植物界Plantae	被子植物门Angiospermae	蔷薇科Rosaceae	李属*Prunus*

达来/拍摄

保护和濒危等级：

国家重点保护野生植物名录（2021） Catalogue of the National Protected Key Wild Plants（2021）	二级 / Category Ⅱ
中国高等植物受威胁物种名录（2017） Threatened Species List of China's Higher Plants（2017）	易危 / VU B1ab（ⅱ，ⅲ）

特有性：非中国特有。

致危因素：种群数量少，过度放牧，干旱。

保护价值：干旱和半干旱区重要防风固沙植物；可作绿化植物；早春开花期的观赏植物；种子可食用、入药。

本区分布：本区分布局限，分布区域多个，阿拉善左旗、阿拉善右旗均有分布。

种群数量状况：本区种群数量少。

达来／拍摄
达来／拍摄

半日花
Helianthemum songaricum Schrenk

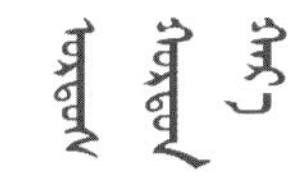

植物界Plantae	被子植物门Angiospermae	半日花科Cistaceae	半日花属*Helianthemum*

保护和濒危等级：

国家重点保护野生植物名录（2021） Catalogue of the National Protected Key Wild Plants（2021）	二级／ Category Ⅱ
中国高等植物受威胁物种名录（2017） Threatened Species List of China's Higher Plants（2017）	濒危／EN A2c; B1ab（ⅰ，ⅲ）; C1

特有性：非特有种。

致危因素：分布极狭窄，种群数量稀少，生境遭到破坏，干旱。

保护价值：亚洲中部荒漠特有珍稀植物，对荒漠植物区系的起源，以及其与地中海植物区系的联系研究具有重要的科学价值；荒漠区防风固沙植物。

本区分布：本区分布狭窄，仅阿拉善左旗（贺兰山南北端）有分布。

种群数量状况：本区种群数量稀少。

瓣鳞花
Frankenia pulverulenta L.

植物界Plantae	被子植物门Angiospermae	瓣鳞花科Frankeniaceae	瓣鳞花属*Frankenia*

保护和濒危等级：

国家重点保护野生植物名录（2021） Catalogue of the National Protected Key Wild Plants（2021）	二级 / Category Ⅱ
中国高等植物受威胁物种名录（2017） Threatened Species List of China's Higher Plants（2017）	濒危 / EN A2bcd; B1ab（ⅰ，ⅲ）; C1

特有性：非特有种。

致危因素：分布狭窄，生境退化。

保护价值：古地中海成分，形态特征非常特殊，对植物分类和区系研究具有重要的科学价值；盐碱土壤改良植物。

本区分布：本区分布狭窄，仅额济纳旗（黑河流域）有分布。

种群数量状况：本区种群数量稀少。

阿拉善单刺蓬

Cornulaca alaschanica C. P. Tsien *et* G. L. Chu

植物界Plantae	被子植物门Angiospermae	苋科Amaranthaceae	单刺蓬属*Cornulaca*

注：单刺蓬属在恩格勒分类系统中属于藜科Chenopodiaceae，APG分类系统中被归入苋科。

保护和濒危等级：

国家重点保护野生植物名录（2021）Catalogue of the National Protected Key Wild Plants（2021）	二级 / Category Ⅱ
中国高等植物受威胁物种名录（2017）Threatened Species List of China's Higher Plants（2017）	无 / NA

特有性：阿拉善特有种。

致危因素：干旱，过度放牧。

保护价值：阿拉善荒漠特有植物，所属的单刺蓬属是亚非荒漠植物地理区西部的特征属，对植物分类、区系分析、植物地理研究具有重要的科学价值；沙漠区优等饲用植物。

本区分布：本区分布局限，分布区域2个，阿拉善右旗（巴丹吉林沙漠及周边）、阿拉善左旗（北部）有分布。

种群数量状况：本区种群数量少。

黑果枸杞

Lycium ruthenicum Murray

植物界Plantae	被子植物门Angiospermae	茄科Solanaceae	枸杞属*Lycium*

达来／拍摄

达来／拍摄

达来／拍摄

达来／拍摄

保护和濒危等级：

国家重点保护野生植物名录（2021） Catalogue of the National Protected Key Wild Plants（2021）	二级 / Category Ⅱ
中国高等植物受威胁物种名录（2017） Threatened Species List of China's Higher Plants（2017）	无 / NA

特有性：非特有种。

致危因素：生境退化，人为地过度采摘（果实），过度放牧。

保护价值：盐碱地水土保持植物，荒漠河岸带防风固沙植物；果实入药，可食用。

本区分布：本区分布局限，分布区域多个，主要在额济纳旗（黑河流域）分布，阿拉善左旗和阿拉善右旗有零星小面积分布。

种群数量状况：本区种群数量少。

肉苁蓉
Cistanche deserticola Ma

植物界Plantae	被子植物门Angiospermae	列当科Orobanchaceae	肉苁蓉属*Cistanche*

陶格日勒/拍摄

保护和濒危等级：

国家重点保护野生植物名录（2021） Catalogue of the National Protected Key Wild Plants（2021）	二级 / Category Ⅱ
中国高等植物受威胁物种名录（2017） Threatened Species List of China's Higher Plants（2017）	濒危 / EN A2acd

特有性：非特有种。

致危因素：人为过度采挖，干旱。

保护价值：荒漠区梭梭*Haloxylon ammodendron*根部的寄生植物，有“沙漠人参”之称，具有极高的药用价值，是中国传统的名贵中药材。

本区分布：本区分布广泛，分布区域多个，阿拉善盟各旗均有分布。

种群数量状况：本区种群数量较少。

达来/拍摄

达来/拍摄

革苞菊
Tugarinovia mongolica Iljin

植物界Plantae	被子植物门Angiospermae	菊科Asteraceae	革苞菊属*Tugarinovia*

保护和濒危等级：

国家重点保护野生植物名录（2021） Catalogue of the National Protected Key Wild Plants（2021）	二级 / Category Ⅱ
中国高等植物受威胁物种名录（2017） Threatened Species List of China's Higher Plants（2017）	易危 / VU B2ab（ⅱ，ⅲ）；C1

特有性： 非特有种。

致危因素： 分布局限，干旱，生境遭到破坏。

保护价值： 蒙古高原植物区系特有植物，对亚洲中部植物起源和区系研究具有重要的科学价值。

本区分布： 本区分布局限，分布区域多个，阿拉善左旗(北部、贺兰山周边)、阿拉善右旗（东部）。

种群数量状况： 本区种群数量较少。

阿拉善地方珍稀濒危植物

阿拉善苜蓿
Medicago alaschanica Vass.

植物界Plantae	被子植物门Angiospermae	豆科Fabaceae	苜蓿属*Medicago*

保护和濒危等级：

《中国生物多样性红色名录——高等植物卷》（2013）	未予评估 / NE
本区受威胁等级及评估标准	地区灭绝 / RE

特有性： 贺兰山及周边特有种。

灭绝因素： 种群数量稀少，生境遭到破坏。

本区分布： 本区分布极狭窄，仅阿拉善左旗（贺兰山西麓）有分布记录。

种群数量状况： 本区最后采集标本时间为1959年，从此以后未发现。

三森君 / 绘制

双穗麻黄　蛇麻黄

Ephedra distachya L.

植物界Plantae	裸子植物门Gymnospermae	麻黄科Ephedraceae	麻黄属*Ephedra*

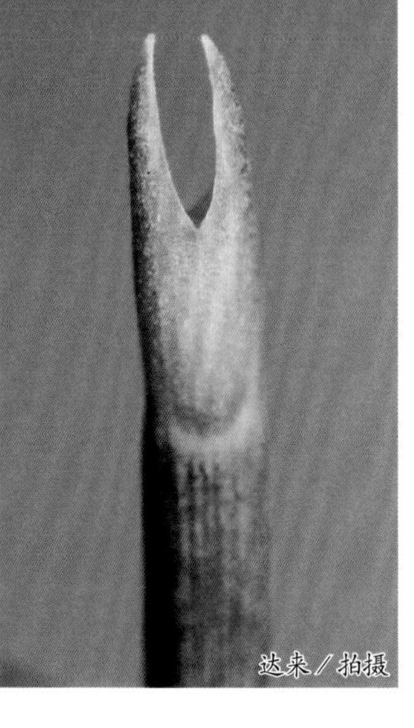

保护和濒危等级：

《中国生物多样性红色名录——高等植物卷》（2013）	无危 / LC
本区受威胁等级及评估标准	极危 / CR B2ab（ⅲ，ⅴ）

特有性：非特有种。

致危因素：种群数量极少，干旱。

保护价值：本区稀有植物；岩石园、干旱地绿化用；草质茎入药。

本区分布：本区分布极狭窄，仅阿拉善左旗（贺兰山南端）有分布。

种群数量状况：本区种群数量极少。

圆柏

Juniperus chinensis L.

ᠠᠷᠴᠠ

植物界Plantae	裸子植物门Gymnospermae	柏科Cupressaceae	刺柏属*Juniperus*

保护和濒危等级：

《中国生物多样性红色名录——高等植物卷》（2013）	无危 / LC
本区受威胁等级及评估标准	极危 / CR D

特有性：非特有种。

致危因素：种群数量极少，干旱。

保护价值：本区稀有植物；庭园绿化植物；旱区的造林树种；入药。

本区分布：本区分布极狭窄，仅阿拉善左旗（贺兰山）有分布。

种群数量状况：本区野生种群的成熟个体数不足20株。

祁连圆柏

Juniperus przewalskii Kom.

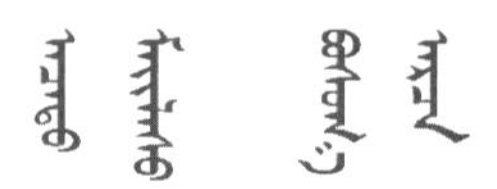

植物界Plantae	裸子植物门Gymnospermae	柏科Cupressaceae	刺柏属*Juniperus*

达来／拍摄

达来／拍摄

达来／拍摄

保护和濒危等级：

《中国生物多样性红色名录——高等植物卷》（2013）	无危／LC
本区受威胁等级及评估标准	极危／CR D

特有性：中国特有种。

致危因素：种群数量极少，过度利用，干旱。

保护价值：本区稀有植物；旱区的造林植物；枝叶入蒙药。

本区分布：本区分布狭窄，仅阿拉善右旗（龙首山高海拔处）有分布。

种群数量状况：本区种群的成熟个体数不足20株。

龙首山蔷薇

Rosa longshoushanica L. Q. Zhao *et* Y. Z. Zhao

植物界Plantae	被子植物门Angiospermae	蔷薇科Rosaceae	蔷薇属*Rosa*

达来／拍摄

保护和濒危等级：

《中国生物多样性红色名录——高等植物卷》（2013）	未予评估 / NE
本区受威胁等级及评估标准	极危 / CR D

特有性：龙首山特有种，亦为中国特有种。

致危因素：种群数量极少，干旱，过度利用。

保护价值：特有珍稀植物，对植物分类、演化研究具有重要的科学价值；可作观赏植物；全株入蒙药。

本区分布：本区分布狭窄，仅阿拉善右旗（龙首山高海拔处）有分布。

种群数量状况：本区种群的成熟个体数不足50株。

达来／拍摄

达来／拍摄

达来／拍摄

鲜卑花
Sibiraea laevigata (L.) Maxim.

植物界Plantae	被子植物门Angiospermae	蔷薇科Rosaceae	鲜卑花属*Sibiraea*

达来／拍摄
达来／拍摄
陶格日勒／拍摄
陶格日勒／拍摄

保护和濒危等级：

《中国生物多样性红色名录——高等植物卷》（2013）	无危／LC
本区受威胁等级及评估标准	极危／CR B1ab（ⅲ）

特有性：非特有种。

致危因素：种群数量极少，干旱，过度利用。

保护价值：本区稀有植物，隶属的鲜卑花属在世界上仅有4种，中国有3种，内蒙古仅有1种，对植物分类、演化研究具有重要的科学价值；可作观赏植物。

本区分布：本区分布狭窄，仅阿拉善右旗（龙首山高海拔处）有分布。

种群数量状况：本区种群数量极少。

阿拉善沙拐枣

Calligonum alaschanicum A. Los.

植物界Plantae	被子植物门Angiospermae	蓼科Polygonaceae	沙拐枣属*Calligonum*

达来 / 拍摄

达来 / 拍摄

保护和濒危等级：

《中国生物多样性红色名录——高等植物卷》（2013）	无危 / LC
本区受威胁等级及评估标准	极危 / CR A2ac

特有性：腾格里沙漠和库布齐沙漠特有种，亦为中国特有种。

致危因素：干旱，过度利用。

保护价值：特有植物，古地中海旱生植物区系的代表植物之一，对植物分类、演化研究具有重要的科学价值；沙漠区重要的防风固沙先锋植物。

本区分布：本区分布局限，仅阿拉善左旗（腾格里沙漠）有分布。

种群数量状况：本区种群数量稀少。

赵利清 / 拍摄

赵利清 / 拍摄

达来 / 拍摄

金花忍冬　黄花忍冬

Lonicera chrysantha Turcz.

保护和濒危等级：

《中国生物多样性红色名录——高等植物卷》（2013）	无危 / LC
本区受威胁等级及评估标准	极危 / CR D

特有性：非特有种。

致危因素：种群数量极少，干旱。

保护价值：本区稀有植物；山地水土保持植物；园林绿化观赏植物；广泛的药用价值和保健用途。

本区分布：本区分布狭窄，仅阿拉善左旗（贺兰山）有分布。

种群数量状况：本区野生种群的成熟个体数不足20株。

中麻黄

Ephedra intermedia Schrenk ex C. A. Mey.

植物界Plantae	裸子植物门Gymnospermae	麻黄科Ephedraceae	麻黄属*Ephedra*

达来 / 拍摄

达来 / 拍摄

达来 / 拍摄

保护和濒危等级：

《中国生物多样性红色名录——高等植物卷》（2013）	近危 / NT
本区受威胁等级及评估标准	濒危 / EN A2c; B2ab（ⅰ，ⅲ）

特有性：非特有种。

致危因素：种群数量稀少，干旱，过度利用。

保护价值：本区稀有植物；荒漠区固沙植物；草质茎入药。

本区分布：本区分布局限，分布区域2个，阿拉善左旗（贺兰山）、阿拉善右旗（龙首山）有分布。

种群数量状况：本区种群数量稀少。

达来 / 拍摄

单子麻黄

Ephedra monosperma J. G. Gmel. ex C. A. Mey.

植物界Plantae	裸子植物门Gymnospermae	麻黄科Ephedraceae	麻黄属*Ephedra*

保护和濒危等级：

《中国生物多样性红色名录——高等植物卷》（2013）	无危 / LC
本区受威胁等级及评估标准	濒危 / EN B2ab（ⅰ，ⅲ，ⅴ）

特有性：非特有种。

致危因素：种群数量稀少，干旱，过度利用。

保护价值：本区稀有植物；草质茎入药。

本区分布：本区分布狭窄，仅阿拉善右旗（龙首山）分布。

种群数量状况：本区种群数量稀少。

草麻黄

Ephedra sinica Stapf

植物界Plantae	裸子植物门Gymnospermae	麻黄科Ephedraceae	麻黄属*Ephedra*

达来／拍摄

保护和濒危等级：

《中国生物多样性红色名录——高等植物卷》（2013）	近危 / NT
本区受威胁等级及评估标准	濒危 / EN A2cd

特有性：非特有种。

致危因素：种群数量稀少，干旱，过度利用。

保护价值：本区稀有植物；荒漠区固沙植物；草质茎入药。

本区分布：本区分布狭窄，仅阿拉善左旗（贺兰山及周边地区）有分布。

种群数量状况：本区种群数量稀少。

红花紫堇

Corydalis livida Maxim.

植物界Plantae	被子植物门Angiospermae	罂粟科 Papaveraceae	紫堇属*Corydalis*

注：恩格勒分类系统中隶属紫堇科Fumariaceae植物，APG分类系统中紫堇科被归入罂粟科。

达来／拍摄

保护和濒危等级：

《中国生物多样性红色名录——高等植物卷》（2013）	无危 / LC
本区受威胁等级及评估标准	濒危 / EN A4ac; B2ab（ⅱ，ⅲ）

特有性：甘肃—青海—内蒙古西部特有种。

致危因素：种群数量极少，干旱，过度放牧。

保护价值：本区稀有植物，对植物分类、演化研究具有重要科学价值；可作观赏植物。

本区分布：本区分布狭窄，仅阿拉善右旗（龙首山高海拔处）有分布。

种群数量状况：本区种群数量稀少。

达来／拍摄

达来／拍摄

准噶尔铁线莲

Clematis songorica Bunge

植物界Plantae	被子植物门Angiospermae	毛茛科 Ranunculaceae	铁线莲属*Clematis*

赵利清 / 拍摄

保护和濒危等级：

《中国生物多样性红色名录——高等植物卷》（2013）	无危 / LC
本区受威胁等级及评估标准	濒危 / EN A2ac

特有性：非特有种。

致危因素：种群数量稀少，干旱，过度利用。

保护价值：本区稀有植物；防风固沙植物；可作园林绿化植物。

本区分布：本区分布狭窄，仅额济纳旗（马鬃山地区）有分布。

种群数量状况：本区种群数量稀少。

赵利清 / 拍摄

赵利清／拍摄

赵利清／拍摄

线沟黄芪 单小叶黄芪

Astragalus vallestris Kamelin

植物界Plantae	被子植物门Angiospermae	豆科Fabaceae	黄芪属*Astragalus*

保护和濒危等级：

《中国生物多样性红色名录——高等植物卷》(2013)	未予评估／NE
本区受威胁等级及评估标准	濒危／EN B2ab（ⅰ，ⅲ，ⅴ）

特有性：非特有种。

致危因素：种群数量极少，干旱，过度放牧。

保护价值：本区稀有植物，且在内蒙古仅本区分布，本种的保护对生物多样性维护有重要意义。

本区分布：本区分布狭窄，仅阿拉善左旗北部有分布。

种群数量状况：本区种群数量极少。

大花雀儿豆 红花海绵豆、红花雀儿豆

Chesneya macrantha S. H. Cheng ex H. C. Fu

保护和濒危等级：

《中国生物多样性红色名录——高等植物卷》（2013）	易危／VU
本区受威胁等级及评估标准	濒危／EN B2ab（ⅱ，ⅲ）

特有性：亚洲中部荒漠特有种。

致危因素：种群数量稀少，过度放牧，干旱。

保护价值：本区稀有植物，对植物分类、演化研究具有重要科学价值；可做观赏植物。

本区分布：本区分布局限，分布区域2个，阿拉善左旗（贺兰山及周边）、阿拉善右旗（雅布赖山）有分布。

种群数量状况：本区种群数量稀少。

铃铛刺 盐豆木

Halimodendron halodendron (Pall.) Druce

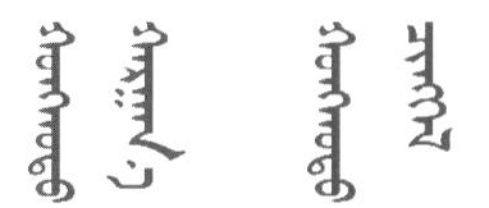

植物界Plantae	被子植物门Angiospermae	豆科Fabaceae	铃铛刺属*Halimodendron*

保护和濒危等级：

《中国生物多样性红色名录——高等植物卷》（2013）	无危 / LC
本区受威胁等级及评估标准	濒危 / EN A2ac

特有性：非特有种。

致危因素：种群数量稀少，干旱，过度利用。

保护价值：本区稀有植物；改良盐碱土，固沙植物；可庭园绿化供观赏；优良的蜜源物；牲畜喜食饲用植物。

本区分布：本区分布狭窄，仅阿拉善左旗（腾格里沙漠）有分布。

种群数量状况：本区种群数量稀少。

周繇 / 拍摄

周繇 / 拍摄

周繇 / 拍摄

周繇 / 拍摄

花叶海棠

Malus transitoria (Batal.) C. K. Schneid.

植物界Plantae	被子植物门Angiospermae	蔷薇科Rosaceae	苹果属*Malus*

达来／拍摄

达来／拍摄

达来／拍摄

达来／拍摄

保护和濒危等级：

《中国生物多样性红色名录——高等植物卷》（2013）	无危 / LC
本区受威胁等级及评估标准	濒危 / EN D

特有性：华北西部特有种。

致危因素：种群数量稀少，干旱。

保护价值：本区稀有植物；山地水土保持植物；园林观赏植物；花叶入药，亦可制茶。

本区分布：本区分布狭窄，仅阿拉善左旗（贺兰山）有分布。

种群数量状况：本区种群的成熟个体数不足20株。

宁夏绣线菊 回折绣线菊、毛枝蒙古绣线菊

Spiraea ningshiaensis T. T. Yu *et* L. T. Lu

植物界Plantae	被子植物门Angiospermae	蔷薇科Rosaceae	绣线菊属*Spiraea*

达来／拍摄

达来／拍摄

达来／拍摄

达来／拍摄

达来／拍摄

保护和濒危等级：

《中国生物多样性红色名录——高等植物卷》（2013）	濒危／EN
本区受威胁等级及评估标准	濒危／EN B2ab（ii）

特有性：中国特有种。

致危因素：种群数量稀少，干旱。

保护价值：特有植物，对植物分类、演化研究具有重要的科学价值；山地水土保持植物；可作园林绿化植物。

本区分布：本区分布狭窄，仅阿拉善左旗（贺兰山）有分布。

种群数量状况：本区种群数量稀少。

柳叶鼠李

Rhamnus erythroxylum Pall.

植物界Plantae	被子植物门Angiospermae	鼠李科Rhamnaceae	鼠李属*Rhamnus*

保护和濒危等级：

《中国生物多样性红色名录——高等植物卷》（2013）	无危 / LC
本区受威胁等级及评估标准	濒危 / EN B2ab（ii，v）

特有性：非特有种。

致危因素：干旱，过度利用。

保护价值：本区稀有植物；防风固沙植物；叶入药。

本区分布：本区分布局限，分布区域2个，阿拉善左旗（贺兰山、腾格里沙漠周边地区）有分布。

种群数量状况：本区种群数量稀少。

细裂槭　细裂枫、大叶细裂槭

Acer pilosum Maxim. var. *stenolobum* (Rehder) W. P. Fang

植物界Plantae	被子植物门Angiospermae	无患子科Sapindaceae	槭属*Acer*

注：恩格勒分类系统中隶属槭科Aceraceae植物，APG分类系统中槭科被归入无患子科。

达来／拍摄

保护和濒危等级：

《中国生物多样性红色名录——高等植物卷》（2013）	无危 / LC
本区受威胁等级及评估标准	濒危 / EN D

特有性：中国特有种。

致危因素：种群数量稀少，干旱。

保护价值：特有变种，对植物分类、演化研究具有重要的科学价值；可作绿化树种。

本区分布：本区分布狭窄，仅阿拉善左旗（贺兰山）有分布。

种群数量状况：本区种群成熟个体数量不足100株。

达来／拍摄

达来／拍摄

达来／拍摄

宽叶水柏枝

Myricaria platyphylla Maxim.

植物界Plantae	被子植物门Angiospermae	柽柳科Tamaricaceae	水柏枝属*Myricaria*

保护和濒危等级：

《中国生物多样性红色名录——高等植物卷》（2013）	无危 / LC
本区受威胁等级及评估标准	濒危 / EN A2ac

特有性：中国特有种。

致危因素：干旱，生境退化，过度利用。

保护价值：本区稀有植物；潜水中生灌木，低湿沙化地重要的固沙植物；牲畜喜食植物。

本区分布：本区分布局限，分布区域2个，阿拉善左旗（腾格里沙漠）、阿拉善右旗（巴丹吉林沙漠）有零星分布。

种群数量状况：本区种群数量稀少。

长叶红砂　黄花红砂

Reaumuria trigyna Maxim.

植物界Plantae	被子植物门Angiospermae	柽柳科Tamaricaceae	红砂属*Reaumuria*

保护和濒危等级：

《中国生物多样性红色名录——高等植物卷》（2013）	无危 / LC
本区受威胁等级及评估标准	濒危 / EN A2ac

特有性：中国特有种。

致危因素：干旱，过度放牧，生境遭到破坏。

保护价值：特有植物、古地中海区系的孑遗种，对植物分类、演化研究具有重要的科学价值；良等饲用植物。

本区分布：本区分布局限，分布区域2个，阿拉善左旗（贺兰山周边、阿拉善左旗北部低山丘陵地带）有分布。

种群数量状况：本区种群数量较少。

刚毛柽柳

Tamarix hispida Willd.

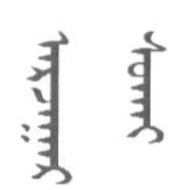

植物界Plantae	被子植物门Angiospermae	柽柳科Tamaricaceae	柽柳属*Tamarix*

达来/拍摄　达来/拍摄　达来/拍摄

保护和濒危等级：

《中国生物多样性红色名录——高等植物卷》（2013）	无危 / LC
本区受威胁等级及评估标准	濒危 / EN B2ab（ⅱ，ⅴ）

特有性：非特有种。

致危因素：过度利用，生境退化。

保护价值：本区稀有植物；荒漠地区低湿盐碱沙化地固沙植物；绿化造林植物。

本区分布：本区分布狭窄，分布区域2个，额济纳旗（黑河流域）、阿拉善右旗西部。

种群数量状况：本区种群数量稀少。

泡果沙拐枣
Calligonum calliphysa Bunge

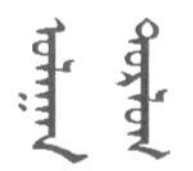

植物界Plantae	被子植物门Angiospermae	蓼科Polygonaceae	沙拐枣属*Calligonum*

保护和濒危等级：

《中国生物多样性红色名录——高等植物卷》(2013)	无危 / LC
本区受威胁等级及评估标准	濒危 / EN B2ab（ⅱ，ⅴ）

特有性：非特有种。

致危因素：干旱，过度利用。

保护价值：本区稀有植物；防风固沙植物；牲畜喜食植物；蜜源植物。

本区分布：本区分布狭窄，仅额济纳旗（马鬃山地区）有分布记录。

种群数量状况：本区种群数量稀少。

圆叶萹蓄　圆叶木蓼、圆叶蓼

Polygonum intramongolicum A. J. Li

植物界Plantae	被子植物门Angiospermae	蓼科Polygonaceae	萹蓄属*Polygonum*

保护和濒危等级：

《中国生物多样性红色名录——高等植物卷》（2013）	无危 / LC
本区受威胁等级及评估标准	濒危 / EN B2ab（ii，v）

特有性：狼山—乌拉山—贺兰山特有种，亦为中国特有种。

致危因素：种群数量稀少，干旱，生境遭破坏。

保护价值：特有珍稀植物；古地中海旱生植物区系的古老残遗种，对植物分类、演化研究具有重要的科学价值。

本区分布：本区分布狭窄，仅阿拉善左旗（贺兰山南段）有分布。

种群数量状况：本区种群数量稀少。

达来／拍摄

达来／拍摄

陶格日勒／拍摄

达来／拍摄

盐穗木

Halostachys caspica (M. Bieb.) C. A. Mey.

植物界Plantae	被子植物门Angiospermae	苋科Amaranthaceae	盐穗木属*Halostachys*

达来/拍摄　达来/拍摄

保护和濒危等级：

《中国生物多样性红色名录——高等植物卷》（2013）	无危 / LC
本区受威胁等级及评估标准	濒危 / EN B2ab（ⅱ，ⅲ，ⅴ）

特有性：非特有种。

致危因素：生境退化，生境遭到破坏。

保护价值：本区稀有植物；盐碱地水土保持植物；牲畜喜食植物。

本区分布：本区分布狭窄，仅额济纳旗（黑河流域）有分布。

种群数量状况：本区种群数量稀少。

达来/拍摄

戈壁藜

Iljinia regelii (Bunge) Korov.

植物界Plantae	被子植物门Angiospermae	苋科Amaranthaceae	戈壁藜属*Iljinia*

保护和濒危等级：

《中国生物多样性红色名录——高等植物卷》（2013）	近危 / NT
本区受威胁等级及评估标准	濒危 / EN B1ab（ⅰ，ⅲ，ⅴ）

特有性：亚洲中部荒漠特有种。

致危因素：干旱，过度利用。

保护价值：亚洲中部荒漠特有的单型属植物，对植物分类、演化研究具有重要的科学价值；防风固沙植物。

本区分布：本区分布狭窄，仅额济纳旗（马鬃山）有分布。

种群数量状况：本区种群数量稀少。

白麻
Apocynum pictum Schrenk

植物界Plantae	被子植物门Angiospermae	夹竹桃科Apocynaceae	罗布麻属*Apocynum*

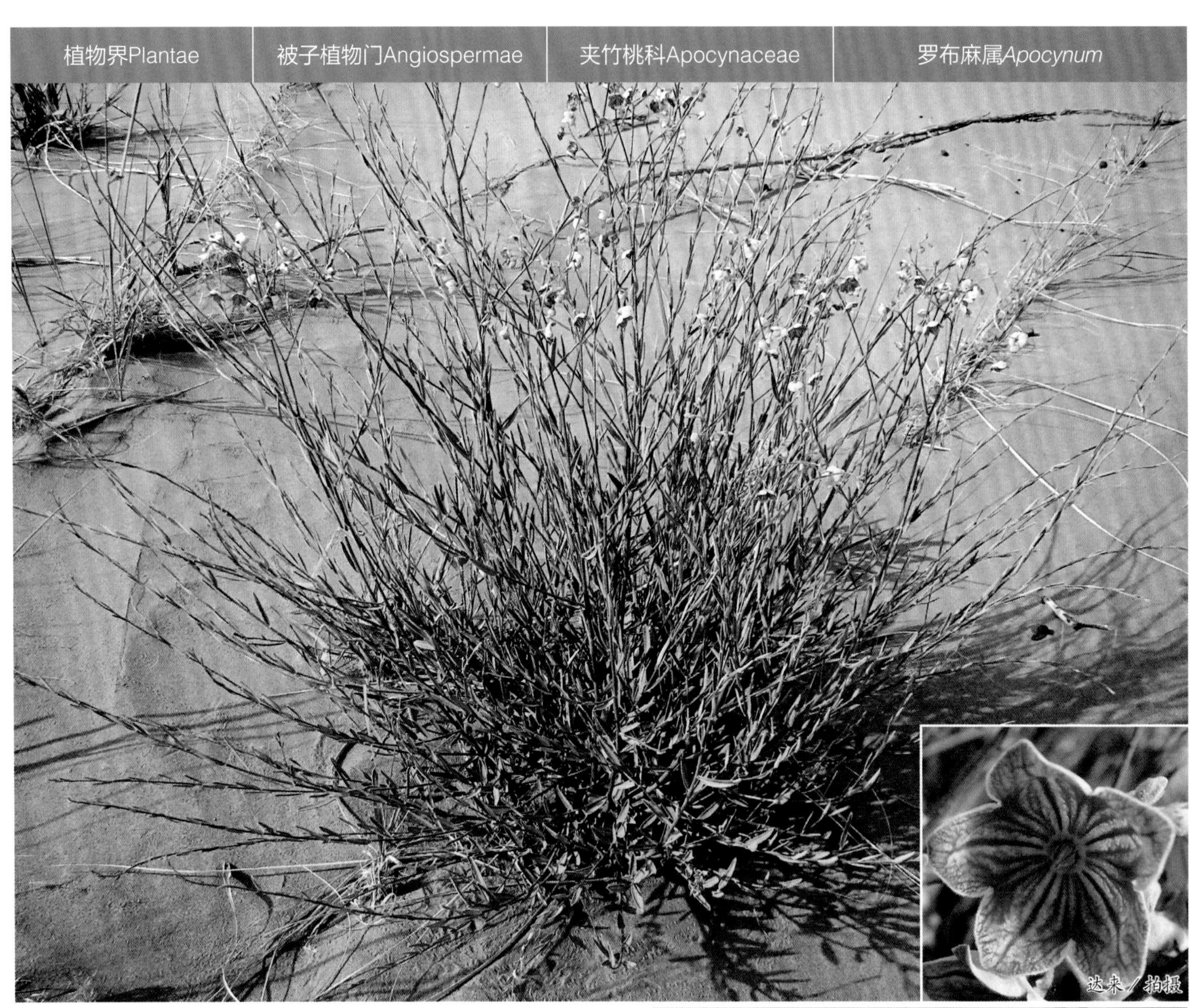
达来／拍摄

保护和濒危等级：

《中国生物多样性红色名录——高等植物卷》（2013）	无危／LC
本区受威胁等级及评估标准	濒危／EN A2acd；B1ab（ⅰ，ⅲ）

特有性：非特有种。

致危因素：干旱，过度利用，生境退化。

保护价值：本区稀有植物；蜜源植物；观赏植物；可作纺织和制纸原料；叶入药。

本区分布：本区分布局限，分布区域3个，阿拉善左旗（腾格里沙漠、乌兰布和沙漠）、额济纳旗（黑河流域）有分布。

种群数量状况：本区种群数量较少。

达来／拍摄

罗布麻

Apocynum venetum L.

植物界Plantae	被子植物门Angiospermae	夹竹桃科Apocynaceae	罗布麻属*Apocynum*

保护和濒危等级：

《中国生物多样性红色名录——高等植物卷》（2013）	无危 / LC
本区受威胁等级及评估标准	濒危 / EN A2acd

特有性：非特有种。

致危因素：干旱，过度利用，生境退化。

保护价值：本区稀有植物；蜜源植物；观赏植物；可作纺织和制纸原料；叶入药。

本区分布：本区分布局限，分布区域3个，阿拉善左旗（贺兰山）、阿拉善右旗（龙首山）、额济纳旗（黑河流域）有分布记录。

种群数量状况：本区种群数量稀少。

周繇 / 拍摄

周繇 / 拍摄

周繇 / 拍摄

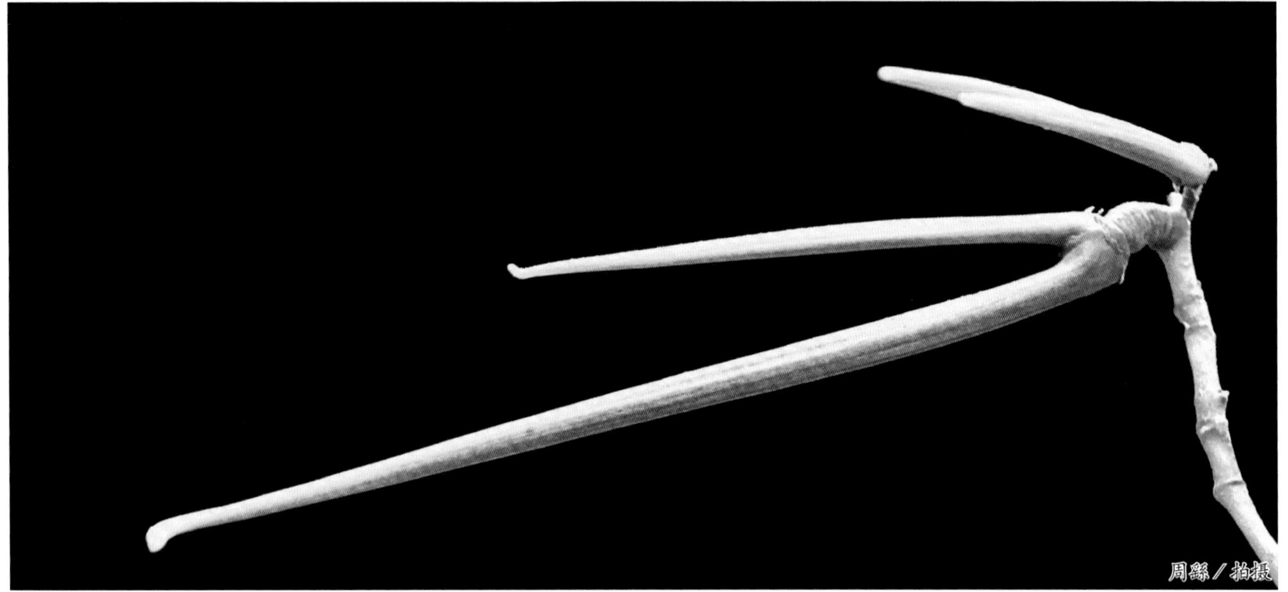

周繇 / 拍摄

疏花软紫草

Arnebia szechenyi Kanitz

植物界Plantae	被子植物门Angiospermae	紫草科Boraginaceae	软紫草属*Arnebia*

保护和濒危等级：

《中国生物多样性红色名录——高等植物卷》（2013）	无危 / LC
本区受威胁等级及评估标准	濒危 / EN A2acd; B1ab（ⅰ，ⅴ）

特有性：东阿拉善、宁夏北部、甘肃（河西走廊）地带特有种，亦为中国特有种。

致危因素：干旱，过度利用，生境遭到破坏。

保护价值：特有植物，对植物分类、演化研究具有重要的科学价值；根入药，亦可为食品着色；可作观赏花卉。

本区分布：本区分布局限，分布区域3个，阿拉善左旗（贺兰山及周边）、阿拉善右旗（雅布赖山和龙首山及周边）有分布。

种群数量状况：本区种群数量稀少。

贺兰山丁香

Syringa pinnatifolia Hemsl. var. *alashanensis* Y. C. Ma *et* S. Q. Zhou

植物界Plantae	被子植物门Angiospermae	木犀科Oleaceae	丁香属*Syringa*

达来 / 拍摄

保护和濒危等级：

《中国生物多样性红色名录——高等植物卷》(2013)	未予评估 / NE
本区受威胁等级及评估标准	濒危 / EN A2acd; B2ab（ii，v）

特有性：贺兰山特有种，亦为中国特有种。

致危因素：过度砍伐，干旱，自然种群过小。

保护价值：特有变种，山地灌丛的一个特有群系，对植物分类、演化研究具有重要的科学价值；茎入蒙药，称“山沉香”；可作绿化观赏植物。

本区分布：本区分布狭窄，仅阿拉善左旗（贺兰山）有分布。

种群数量状况：本区种群数量稀少。

盐生肉苁蓉

Cistanche salsa (C. A. Mey.) Beck

植物界Plantae	被子植物门Angiospermae	列当科Orobanchaceae	肉苁蓉属*Cistanche*

保护和濒危等级：

《中国生物多样性红色名录——高等植物卷》（2013）	无危 / LC
本区受威胁等级及评估标准	濒危 / EN A2acd

特有性：非特有种。

致危因素：过度利用，干旱。

保护价值：本区稀有植物；药用植物。

本区分布：本区分布局限，分布区域2个，阿拉善左旗、阿拉善右旗有分布记录。

种群数量状况：本区种群数量稀少。

黄花列当

Orobanche pycnostachya Hance var. *pycnostachya*

植物界Plantae	被子植物门Angiospermae	列当科Orobanchaceae	列当属*Orobanche*

保护和濒危等级：

《中国生物多样性红色名录——高等植物卷》（2013）	无危 / LC
本区受威胁等级及评估标准	濒危 / EN A2acd；B2ab（ii，v）

特有性：非特有种。

致危因素：过度利用，干旱。

保护价值：本区稀有植物；药用植物。

本区分布：本区分布狭窄，仅阿拉善右旗（雅布赖山）有分布。

种群数量状况：本区种群数量稀少。

戈壁短舌菊

Brachanthemum gobicum Krasch.

植物界Plantae	被子植物门Angiospermae	菊科Asteraceae	短舌菊属*Brachanthemum*

保护和濒危等级：

《中国生物多样性红色名录——高等植物卷》（2013）	未予评估 / NE
本区受威胁等级及评估标准	濒危 / EN B2ab（ⅱ，ⅴ）

特有性：阿拉善荒漠东部特有种。

致危因素：干旱，过度放牧。

保护价值：本区稀有植物，阿拉善荒漠东部特有种，古地中海旱生植物区系的孑遗种，短舌菊属中唯一没有舌状花的种，对植物分类、演化研究具有重要的科学价值；牲畜喜食植物。

本区分布：分布狭窄，仅阿拉善左旗北部有分布。

种群数量状况：本区种群数量稀少。

丝毛蓝刺头 矮蓝刺头

Echinops nanus Bunge

植物界Plantae	被子植物门Angiospermae	菊科Asteraceae	蓝刺头属*Echinops*

保护和濒危等级：

《中国生物多样性红色名录——高等植物卷》(2013)	数据缺乏 / DD
本区受威胁等级及评估标准	濒危 / EN B2ab（ⅱ，ⅴ）

特有性：非特有种。

致危因素：过度利用，干旱。

保护价值：本区稀有植物；中等饲用植物。

本区分布：分布狭窄，仅阿拉善左旗北部有分布。

种群数量状况：本区种群数量稀少。

达来 / 拍摄

雅布赖风毛菊

Saussurea yabulaiensis Y. Y. Yao

植物界Plantae	被子植物门Angiospermae	菊科Asteraceae	风毛菊属*Saussurea*

保护和濒危等级：

《中国生物多样性红色名录——高等植物卷》（2013）	未予评估 / NE
本区受威胁等级及评估标准	濒危 / EN B1ab（ⅱ，ⅲ，ⅴ）

特有性：雅布赖山特有种，亦为中国特有种。

致危因素：干旱，过度放牧。

保护价值：唯一未超出本区范围的特有植物，对植物分类、演化研究具有重要科学价值；中等饲用植物。

本区分布：本区分布狭窄，仅阿拉善右旗（雅布赖山）有分布。

种群数量状况：本区种群数量稀少。

达来 / 拍摄

达来 / 拍摄

达来 / 拍摄

达来 / 拍摄

葱皮忍冬

Lonicera ferdinandi Franch.

植物界Plantae	被子植物门Angiospermae	忍冬科Caprifoliaceae	忍冬属*Lonicera*

王晓勤／拍摄

保护和濒危等级：

《中国生物多样性红色名录——高等植物卷》(2013)	无危 / LC
本区受威胁等级及评估标准	濒危 / EN B2a；C1

特有性：非特有种。

致危因素：种群数量极少，干旱。

保护价值：本区稀有植物；山地较好的水土保持植物；园林绿化、观赏植物。

本区分布：本区分布狭窄，仅阿拉善左旗（贺兰山）有分布。

种群数量状况：本区种群数量极少。

王晓勤／拍摄

赵利清／拍摄

王晓勤／拍摄

木贼麻黄

Ephedra equisetina Bunge

植物界Plantae	裸子植物门Gymnospermae	麻黄科Ephedraceae	麻黄属*Ephedra*

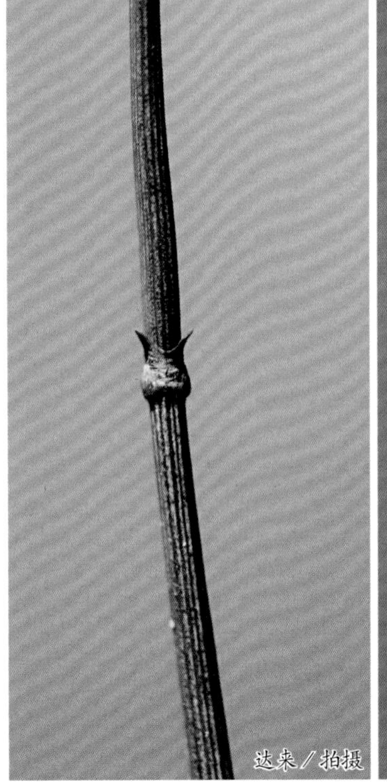

保护和濒危等级：

《中国生物多样性红色名录——高等植物卷》(2013)	无危 / LC
本区受威胁等级及评估标准	易危 / VU A2cd

特有性：非特有种。

致危因素：过度利用，干旱。

保护价值：荒漠区固沙植物；草质茎入药。

本区分布：本区分布局限，分布区域多个，在阿拉善左旗、阿拉善右旗均有分布。

种群数量状况：本区种群数量较少。

阿拉善葱

Allium alaschanicum Y. Z. Zhao

植物界Plantae	被子植物门Angiospermae	石蒜科Amaryllidaceae	葱属*Allium*

注：恩格勒分类系统中葱属归于百合科Liliaceae，APG分类系统中归入石蒜科。

保护和濒危等级：

《中国生物多样性红色名录——高等植物卷》（2013）	未予评估 / NE
本区受威胁等级及评估标准	易危 / VU D2

特有性：贺兰山特有种，亦为中国特有种。

致危因素：种群数量稀少，干旱。

保护价值：特有植物，对植物分类、演化研究具有重要的科学价值；动物喜食植物。

本区分布：本区分布狭窄，仅阿拉善左旗（贺兰山）有分布。

种群数量状况：本区种群数量稀少。

贺兰山延胡索

Corydalis alaschanica (Maxim.) Peshkova

植物界Plantae	被子植物门Angiospermae	罂粟科 Papaveraceae	紫堇属*Corydalis*

保护和濒危等级：

《中国生物多样性红色名录——高等植物卷》（2013）	近危 / NT
本区受威胁等级及评估标准	易危 / VU D2

特有性：贺兰山特有种，亦为中国特有种。

致危因素：种群数量稀少，干旱。

保护价值：特有植物，对植物分类、演化研究具有重要的科学价值；可作观赏花卉。

本区分布：本区分布狭窄，仅阿拉善左旗（贺兰山）有分布。

种群数量状况：本区种群数量稀少。

阿拉善银莲花

Anemone alaschanica (Schipcz.) Borod.-Grabovsk.

植物界Plantae	被子植物门Angiospermae	毛茛科Ranunculaceae	银莲花属*Anemone*

达来／拍摄

保护和濒危等级：

《中国生物多样性红色名录——高等植物卷》(2013)	未予评估 / NE
本区受威胁等级及评估标准	易危 / VU D2

特有性：贺兰山特有种，亦为中国特有种。

致危因素：种群数量稀少，干旱。

保护价值：特有植物，对植物分类、演化研究具有重要的科学价值；可作观赏花卉。

本区分布：本区分布狭窄，仅阿拉善左旗（贺兰山）有分布。

种群数量状况：本区种群数量稀少。

小叶铁线莲

Clematis nannophylla Maxim.

植物界Plantae	被子植物门Angiospermae	毛茛科Ranunculaceae	铁线莲属*Clematis*

保护和濒危等级：

《中国生物多样性红色名录——高等植物卷》(2013)	无危 / LC
本区受威胁等级及评估标准	易危 / VU A1ac; B2ab（ⅱ，ⅲ，ⅴ）

特有性：中国特有种。

致危因素：种群数量稀少，干旱。

保护价值：本区稀有植物；防风固沙植物。

本区分布：本区分布局限，分布区域3个，在阿拉善左旗（贺兰山）、阿拉善左旗南部、阿拉善右旗（龙首山）有分布。

种群数量状况：本区种群数量稀少。

达来/拍摄

达来/拍摄

达来/拍摄

达来/拍摄

达来/拍摄

甘青铁线莲
Clematis tangutica (Maxim.) Korsh.

植物界Plantae	被子植物门Angiospermae	毛茛科 Ranunculaceae	铁线莲属*Clematis*

保护和濒危等级：

《中国生物多样性红色名录——高等植物卷》(2013)	无危 / LC
本区受威胁等级及评估标准	易危 / VU A2ac; B2ab(ⅱ, ⅲ)

特有性：非特有种。

致危因素：种群数量稀少，干旱，过度放牧。

保护价值：本区稀有植物；可作观赏植物。

本区分布：本区分布狭窄，仅阿拉善右旗（龙首山）有分布。

种群数量状况：本区种群数量稀少。

贺兰山翠雀花

Delphinium albocoeruleum Maxim. var. *przewalskii* (Huth) W. T. Wang

植物界Plantae	被子植物门Angiospermae	毛茛科Ranunculaceae	翠雀属*Delphinium*

保护和濒危等级:

《中国生物多样性红色名录——高等植物卷》(2013)	无危 / LC
本区受威胁等级及评估标准	易危 / VU D2

特有性：贺兰山特有种，亦为中国特有种。

致危因素：种群数量稀少，干旱。

保护价值：特有变种，其形态特征对贺兰山的植物区系与青藏高原北部山地的植物存密切关系提供了有力证据；花大而美丽，可作观赏植物。

本区分布：本区分布狭窄，仅阿拉善左旗（贺兰山）有分布。

种群数量状况：本区种群数量稀少。

达来 / 拍摄

达来 / 拍摄

达来 / 拍摄

达来 / 拍摄

达来 / 拍摄

贺兰山毛茛

Ranunculus alaschanicus Y. Z. Zhao

植物界Plantae	被子植物门Angiospermae	毛茛科 Ranunculaceae	毛茛属*Ranunculus*

迭来／拍摄

保护和濒危等级：

《中国生物多样性红色名录——高等植物卷》（2013）	未予评估／NE
本区受威胁等级及评估标准	易危／VU D2

特有性：贺兰山特有种，亦为中国特有种。

致危因素：种群数量稀少，干旱。

保护价值：特有植物，对植物分类、演化研究具有重要的科学价值；可作观赏花卉。

本区分布：本区分布狭窄，仅阿拉善左旗（贺兰山）有分布。

种群数量状况：本区种群数量稀少。

迭来／拍摄

迭来／拍摄

迭来／拍摄

短龙骨黄芪
Astragalus parvicarinatus S. B. Ho

植物界Plantae	被子植物门Angiospermae	豆科Fabaceae	黄芪属*Astragalus*

保护和濒危等级：

《中国生物多样性红色名录——高等植物卷》(2013)	易危 / VU
本区受威胁等级及评估标准	易危 / VU　B1ab（ⅲ）

特有性：中国特有种。

致危因素：过度放牧，干旱。

保护价值：特有植物，对植物分类、演化研究具有重要的科学价值。

本区分布：本区分布局限，分布区域多个，在阿拉善左旗（南部、贺兰山周边）、阿拉善右旗（北部）有分布。

种群数量状况：本区种群数量较少。

甘肃旱雀豆

Chesniella ferganensis (Korsh.) Boriss.

植物界Plantae	被子植物门Angiospermae	豆科Fabaceae	旱雀豆属*Chesniella*

保护和濒危等级：

《中国生物多样性红色名录——高等植物卷》（2013）	易危 / VU
本区受威胁等级及评估标准	易危 / VU B2ab（ⅰ，ⅲ，ⅴ）

特有性：非特有种。

致危因素：种群数量稀少，过度放牧，干旱。

保护价值：本区稀有植物；中等饲用植物。

本区分布：本区分布局限，仅阿拉善右旗（龙首山及周边）有分布。

种群数量状况：本区种群数量稀少。

达来 / 拍摄

达来 / 拍摄

达来 / 拍摄

达来 / 拍摄

蒙古旱雀豆

Chesniella mongolica (Maxim.) Boriss.

植物界Plantae	被子植物门Angiospermae	豆科Fabaceae	旱雀豆属*Chesniella*

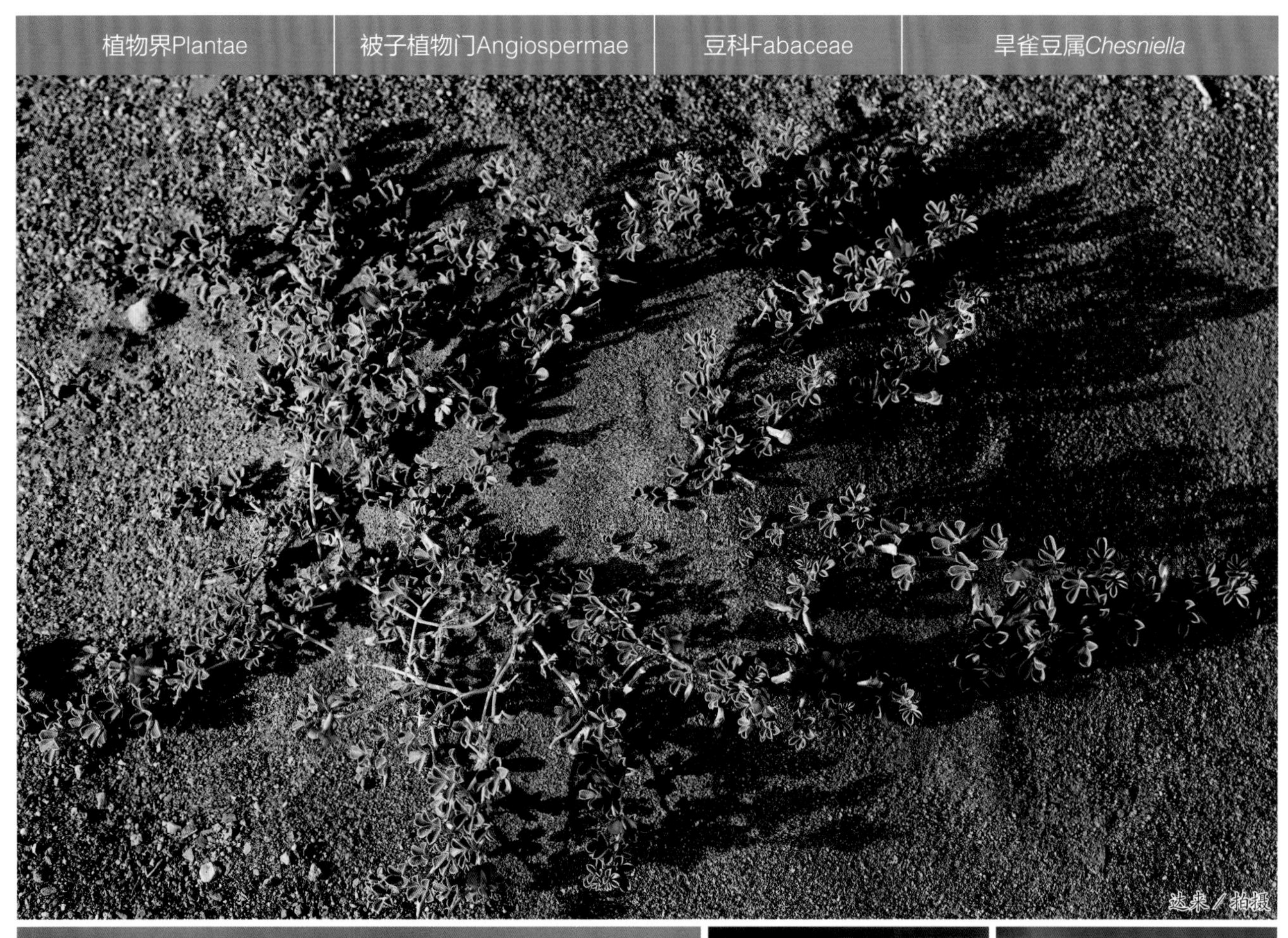

保护和濒危等级：

《中国生物多样性红色名录——高等植物卷》(2013)	无危 / LC
本区受威胁等级及评估标准	易危 / VU A2ac; B1b (ⅱ, ⅲ, ⅴ)

特有性：非特有种。

致危因素：种群数量少，干旱，过度放牧。

保护价值：本区稀有植物；牲畜喜食植物。

本区分布：本区分布局限，分布区域多个，在阿拉善左旗、阿拉善右旗、额济纳旗北部有分布。

种群数量状况：本区种群数量较少。

红花山竹子　红花岩黄芪、红花羊柴

Corethrodendron multijugum (Maxim.) B. H. Choi *et* H. Ohashi

植物界Plantae	被子植物门Angiospermae	豆科Fabaceae	山竹子属*Corethrodendron*

达来／拍摄

保护和濒危等级：

《中国生物多样性红色名录——高等植物卷》（2013）	无危 / LC
本区受威胁等级及评估标准	易危 / VU A1acd；D2

特有性：中国特有种。

致危因素：种群数量稀少，过度放牧，干旱。

保护价值：本区稀有植物；良等饲用植物；可作园林绿化、观赏植物；根可入药。

本区分布：本区分布狭窄，仅阿拉善右旗（龙首山）有分布。

种群数量状况：本区种群数量稀少。

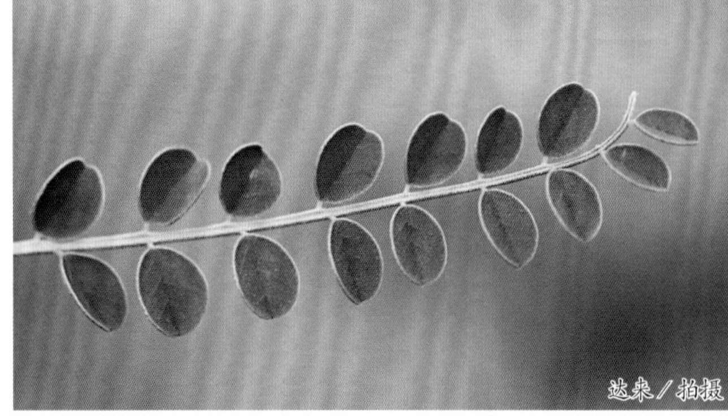
达来／拍摄

达来／拍摄

陶格日勒／拍摄

贺兰山荨麻

Urtica helanshanica W. Z. Di *et* W. B. Liao

植物界Plantae	被子植物门Angiospermae	荨麻科Urticaceae	荨麻属*Urtica*

保护和濒危等级：

《中国生物多样性红色名录——高等植物卷》（2013）	未予评估 / NE
本区受威胁等级及评估标准	易危 / VU　D2

特有性：贺兰山和龙首山特有种，亦为中国特有种。

致危因素：种群数量稀少，干旱，过度利用。

保护价值：特有植物，对植物分类、演化研究具有重要的科学价值；入蒙药；动物喜食。

本区分布：本区分布狭窄，分布区域2个，在阿拉善左旗（贺兰山）、阿拉善右旗（龙首山）有分布。

种群数量状况：本区种群数量稀少。

白桦

Betula platyphylla Sukaczev

植物界Plantae	被子植物门Angiospermae	桦木科Betulaceae	桦木属*Betula*

保护和濒危等级：

《中国生物多样性红色名录——高等植物卷》（2013）	无危 / LC
本区受威胁等级及评估标准	易危 / VU D2

特有性：非特有种。

致危因素：种群数量稀少，干旱，虫害。

保护价值：本区稀有植物；水土保持植物；庭园绿化树种；树皮入药。

本区分布：本区分布狭窄，仅阿拉善左旗（贺兰山）有分布。

种群数量状况：本区种群数量稀少。

刘氏大戟

Euphorbia lioui C. Y. Wu *et* J. S. Ma

植物界Plantae	被子植物门Angiospermae	大戟科Euphorbiaceae	大戟属*Euphorbia*

达来／拍摄

达来／拍摄

保护和濒危等级：

《中国生物多样性红色名录——高等植物卷》（2013）	数据缺乏 / DD
本区受威胁等级及评估标准	易危 / VU　D2

特有性：中国特有种。

致危因素：种群数量稀少，干旱，虫害。

保护价值：特有植物，对植物分类、演化研究具有重要的科学价值；动物喜食。

本区分布：本区分布局限，仅阿拉善左旗（贺兰山及周边）有分布。

种群数量状况：本区种群数量少。

北芸香　假芸香、单叶芸香、草芸香

Haplophyllum dauricum (L.) G. Don.

植物界Plantae	被子植物门Angiospermae	芸香科Rutaceae	拟芸香属*Haplophyllum*

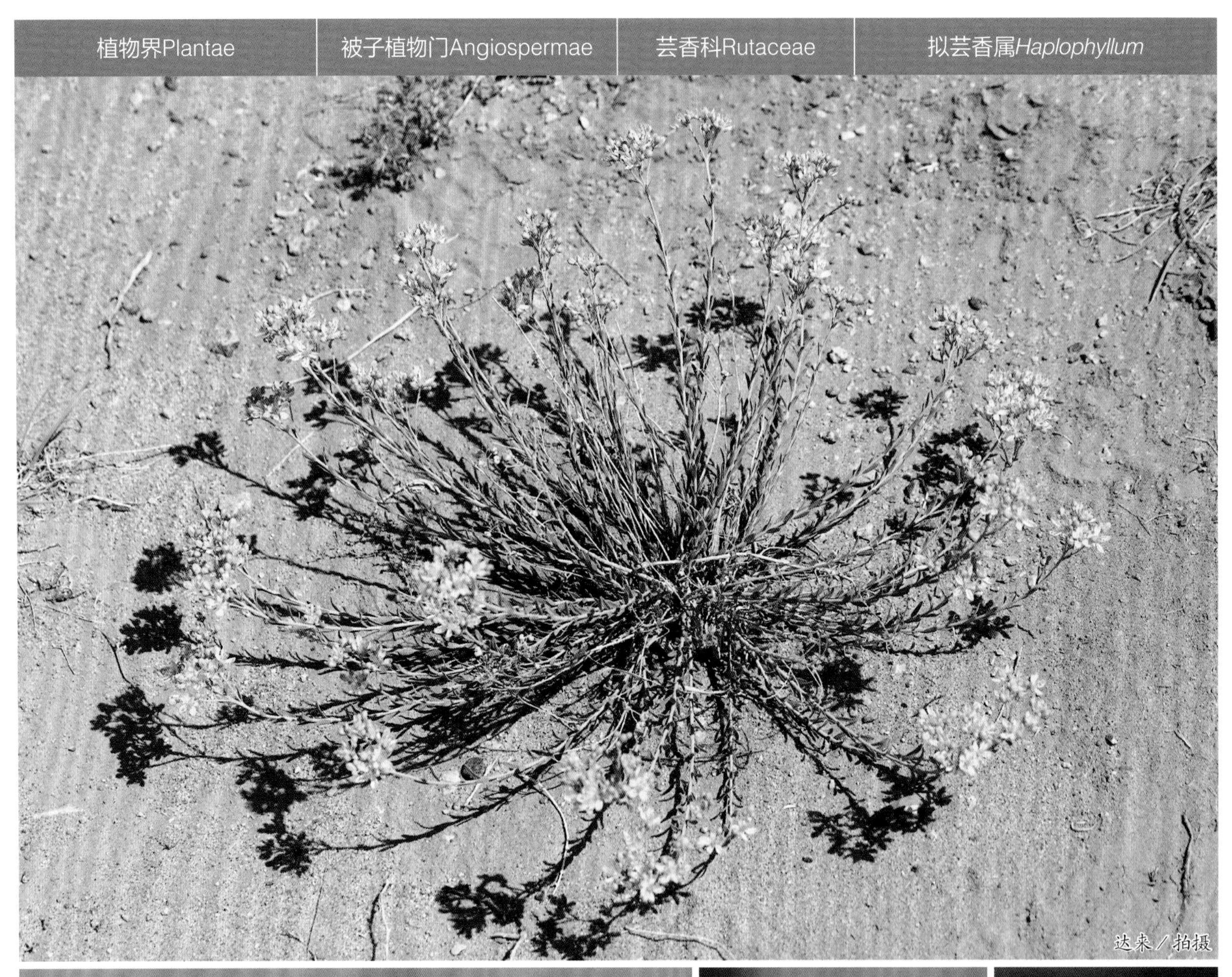

达来 / 拍摄

达来 / 拍摄

达来 / 拍摄

达来 / 拍摄

保护和濒危等级：

《中国生物多样性红色名录——高等植物卷》（2013）	无危 / LC
本区受威胁等级及评估标准	易危 / VU A1acd

特有性：非特有种。

致危因素：种群数量稀少，干旱，过度放牧。

保护价值：本区稀有植物；防风固沙；中等饲用植物。

本区分布：本区分布局限，分布区域2个，在阿拉善左旗（贺兰山周边）、阿拉善右旗（雅布赖山）有分布。

种群数量状况：本区种群数量稀少。

针枝芸香

Haplophyllum tragacanthoides Diels

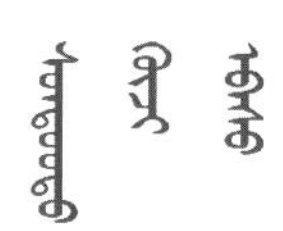

植物界Plantae	被子植物门Angiospermae	芸香科Rutaceae	拟芸香属*Haplophyllum*

保护和濒危等级：

《中国生物多样性红色名录——高等植物卷》（2013）	无危 / LC
本区受威胁等级及评估标准	易危 / VU D2

特有性：东阿拉善特有种，亦为中国特有种。

致危因素：种群数量少，干旱。

保护价值：特有植物，对植物分类、演化研究具有重要的科学价值；荒漠区野生花卉资源。

本区分布：本区分布局限，仅阿拉善左旗（贺兰山）有分布。

种群数量状况：本区种群数量较少。

达来 / 拍摄

达来 / 拍摄

达来 / 拍摄

达来 / 拍摄

短果小柱芥

Microstigma brachycarpum Botsch.

植物界Plantae	被子植物门Angiospermae	十字花科Brassicaceae	小柱芥属*Microstigma*

保护和濒危等级：

《中国生物多样性红色名录——高等植物卷》（2013）	无危／LC
本区受威胁等级及评估标准	易危／VU B2ab（ⅱ，ⅴ）

特有性：龙首山—合黎山地带特有种，亦为中国特有种。

致危因素：干旱，过度利用。

保护价值：特有植物，对植物分类、演化研究具有重要的科学价值；中等饲用植物。

本区分布：本区分布狭窄，仅阿拉善右旗（龙首山北麓）有分布。

种群数量状况：本区种群数量稀少。

紫花爪花芥 紫爪花芥、紫花棒果芥

Sterigmostemum matthioloides (Franch.) Botsch.

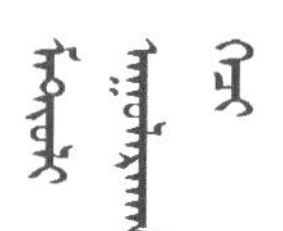

植物界Plantae	被子植物门Angiospermae	十字花科Brassicaceae	棒果芥属 *Sterigmostemum*

达来 / 拍摄

达来 / 拍摄

达来 / 拍摄

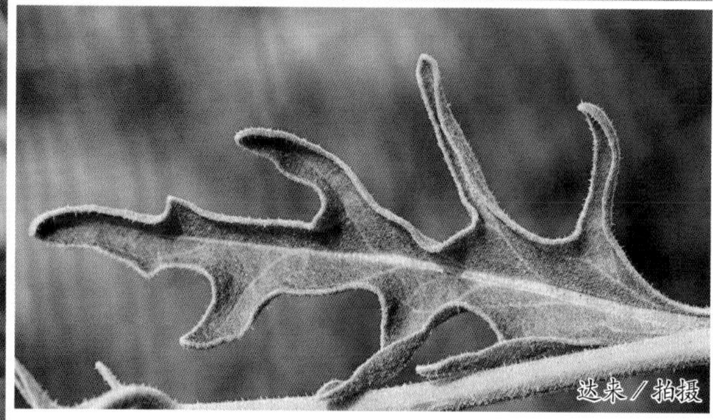

达来 / 拍摄

保护和濒危等级：

《中国生物多样性红色名录——高等植物卷》(2013)	无危 / LC
本区受威胁等级及评估标准	易危 / VU D2

特有性：中国特有种。

致危因素：种群数量稀少，干旱。

保护价值：特有植物，对植物分类、演化研究具有重要科学价值；可作观赏植物。

本区分布：本区分布狭窄，仅阿拉善左旗（贺兰山）有分布。

种群数量状况：本区种群数量稀少。

斧翅沙芥 宽翅沙芥

Pugionium dolabratum Maxim.

ᠰᠢᠯᠦᠭᠡ ᠰᠢᠯᠦᠭᠡ

植物界Plantae	被子植物门Angiospermae	十字花科Brassicaceae	沙芥属*Pugionium*

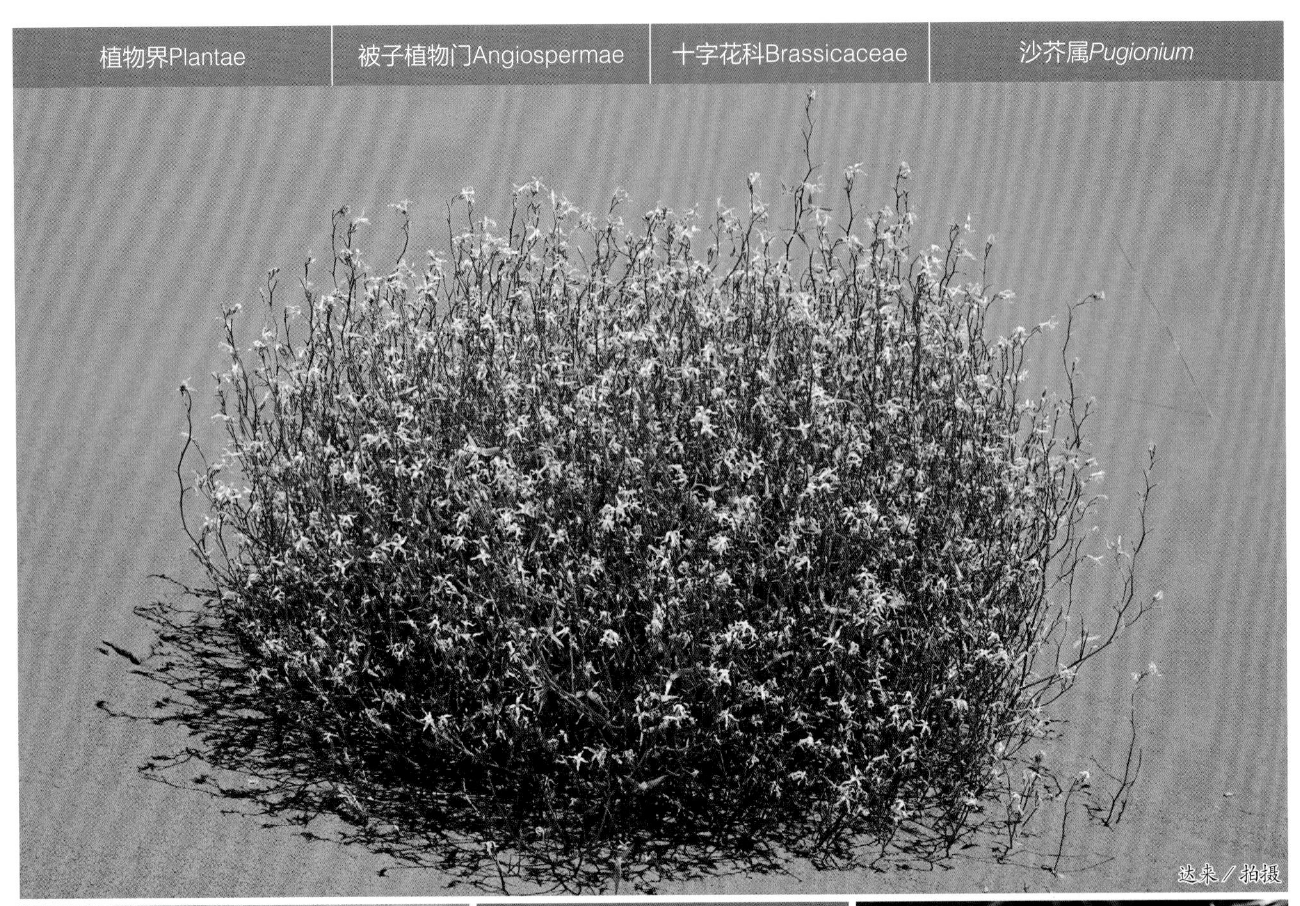

保护和濒危等级：

《中国生物多样性红色名录——高等植物卷》（2013）	无危 / LC
本区受威胁等级及评估标准	易危 / VU A2cd+3cd

特有性：非特有种。

致危因素：过度利用（人为采挖、放牧），干旱。

保护价值：优良固沙先锋植物；区域特色食用植物；全株入蒙药。

本区分布：本区分布局限，分布区域3个，在阿拉善左旗（腾格里沙漠、乌兰布和沙漠）、阿拉善右旗（巴丹吉林沙漠）有分布。

种群数量状况：本区种群数量少。

长枝木蓼　帚枝木蓼

Atraphaxis virgata (Regel) Krasn.

植物界Plantae	被子植物门Angiospermae	蓼科Polygonaceae	木蓼属*Atraphaxis*

达来／拍摄

保护和濒危等级：

《中国生物多样性红色名录——高等植物卷》（2013）	无危 / LC
本区受威胁等级及评估标准	易危 / VU B2ab（ii，v）

特有性：非特有种。

致危因素：干旱，生境退化，过度放牧。

保护价值：本区稀有植物；防风固沙植物；良等饲用植物

本区分布：本区分布局限，仅额济纳旗（马鬃山地区）有零星分布。

种群数量状况：本区种群数量稀少。

达来／拍摄　达来／拍摄　达来／拍摄

达来／拍摄

裸果木

Gymnocarpos przewalskii Bunge ex Maxim.

植物界Plantae	被子植物门Angiospermae	石竹科Caryophyllaceae	裸果木属*Gymnocarpos*

达来 / 拍摄

达来 / 拍摄　达来 / 拍摄

保护和濒危等级：

《中国生物多样性红色名录——高等植物卷》（2013）	无危 / LC
本区受威胁等级及评估标准	易危 / VU A2c

特有性：非特有种。

致危因素：干旱，生境退化，过度放牧。

保护价值：亚洲中部荒漠区稀少的残遗种，古地中海成分，对中国西北荒漠旱生植物区系成分的起源研究具有重要的科学价值；防风固沙植物；牲畜、动物喜食嫩枝。

本区分布：本区分布局限，分布区域多个，阿拉善盟各旗均有分布。

种群数量状况：本区种群数量少且呈减少趋势。

贺兰山女娄菜

Melandrium alaschanicum (Maxim.) Y. Z. Zhao

植物界Plantae	被子植物门Angiospermae	石竹科Caryophyllaceae	女娄菜属*Melandrium*

保护和濒危等级：

《中国生物多样性红色名录——高等植物卷》（2013）	未予评估 / NE
本区受威胁等级及评估标准	易危 / VU D2

特有性：贺兰山特有种，亦为中国特有种。

致危因素：种群数量极少，干旱。

保护价值：特有植物，其形态特征在本属中少见的类型，对植物分类、演化研究具有重要的科学价值；可作观赏植物。

本区分布：本区分布狭窄，仅阿拉善左旗（贺兰山）有分布。

种群数量状况：本区种群数量稀少。

达来 / 拍摄

达来 / 拍摄

达来 / 拍摄

耳瓣女娄菜

Melandrium auritipetalum Y. Z. Zhao *et* P. Ma

植物界Plantae	被子植物门Angiospermae	石竹科Caryophyllaceae	女娄菜属*Melandrium*

达来／拍摄

达来／拍摄

达来／拍摄

达来／拍摄

保护和濒危等级：

《中国生物多样性红色名录——高等植物卷》（2013）	未予评估 / NE
本区受威胁等级及评估标准	易危 / VU D2

特有性：贺兰山特有种，亦为中国特有种。

致危因素：种群数量极少，干旱。

保护价值：特有植物，对植物分类、演化研究具有重要科学价值；可作观赏植物。

本区分布：本区分布狭窄，仅阿拉善左旗（贺兰山）有分布。

种群数量状况：本区种群数量稀少。

龙首山女娄菜

Melandrium longshoushanicum L. Q. Zhao *et* Y. Z. Zhao

植物界Plantae	被子植物门Angiospermae	石竹科Caryophyllaceae	女娄菜属*Melandrium*

保护和濒危等级：

《中国生物多样性红色名录——高等植物卷》（2013）	未予评估 / NE
本区受威胁等级及评估标准	易危 / VU D2

特有性：龙首山特有种，亦为中国特有种。

致危因素：种群数量极少，干旱，过度放牧。

保护价值：特有植物，对植物分类、演化研究具有重要的科学价值。

本区分布：本区分布狭窄，仅阿拉善右旗（龙首山）有分布。

种群数量状况：本区种群数量稀少。

赵利清 / 拍摄

瘤翅女娄菜

Melandrium verrucoso-altum Y. Z. Zhao *et* P. Ma

植物界Plantae	被子植物门Angiospermae	石竹科Caryophyllaceae	女娄菜属*Melandrium*

保护和濒危等级：

《中国生物多样性红色名录——高等植物卷》（2013）	未予评估 / NE
本区受威胁等级及评估标准	易危 / VU D2

特有性：贺兰山特有种，亦为中国特有种。

致危因素：种群数量极少，干旱。

保护价值：特有植物，对植物分类、演化研究具有重要的科学价值。

本区分布：本区分布狭窄，仅阿拉善左旗（贺兰山）有分布。

种群数量状况：本区种群数量稀少。

贺兰山孩儿参

Pseudostellaria helanshanensis W. Z. Di *et* Y. Ren

植物界Plantae	被子植物门Angiospermae	石竹科Caryophyllaceae	孩儿参属*Pseudostellaria*

保护和濒危等级：

《中国生物多样性红色名录——高等植物卷》(2013)	未予评估 / NE
本区受威胁等级及评估标准	易危 / VU D2

特有性：非特有种。

致危因素：种群数量稀少，干旱，动物过度采食。

保护价值：本区稀有植物；中等饲用植物。

本区分布：本区分布狭窄，仅阿拉善左旗（贺兰山）有分布。

种群数量状况：本区种群数量稀少。

内蒙野丁香

Leptodermis ordosica H. C. Fu *et* E. W. Ma

植物界Plantae	被子植物门Angiospermae	茜草科Rubiaceae	野丁香属*Leptodermis*

达来／拍摄

保护和濒危等级：

《中国生物多样性红色名录——高等植物卷》(2013)	易危 / VU
本区受威胁等级及评估标准	易危 / VU D2

特有性：贺兰山—桌子山特有种，亦为中国特有种。

致危因素：种群数量极少，生境退化，干旱。

保护价值：特有珍稀植物，对植物分类、演化研究具有重要的科学价值；可做绿化植物。

本区分布：本区分布局限，仅阿拉善左旗（贺兰山）有分布。

种群数量状况：本区种群数量稀少。

达来／拍摄

达来／拍摄

达来／拍摄

黄花软紫草
Arnebia guttata Bunge

植物界Plantae	被子植物门Angiospermae	紫草科Boraginaceae	软紫草属*Arnebia*

保护和濒危等级：

《中国生物多样性红色名录——高等植物卷》（2013）	易危 / VU
本区受威胁等级及评估标准	易危 / VU A2c

特有性：非特有种。

致危因素：种群数量少，过度放牧，干旱。

保护价值：根入药，亦可食品着色；可作观赏花卉。

本区分布：本区分布局限，分布区域多个，在阿拉善左旗（贺兰山、北部低山丘陵）、阿拉善右旗（雅布赖山、龙首山）、额济纳旗（马鬃山）均有分布。

种群数量状况：本区种群数量少。

贺兰山玄参
Scrophularia alaschanica Batalin

植物界Plantae	被子植物门Angiospermae	玄参科Scrophulariaceae	玄参属*Scrophularia*

保护和濒危等级：

《中国生物多样性红色名录——高等植物卷》（2013）	无危 / LC
本区受威胁等级及评估标准	易危 / VU D2

特有性： 贺兰山—乌拉山特有种，亦为中国特有种。

致危因素： 种群数量极少，干旱。

保护价值： 特有植物，对植物分类、演化研究具有重要科学价值；可作观赏植物。

本区分布： 本区分布狭窄，仅阿拉善左旗（贺兰山）有分布。

种群数量状况： 本区种群数量稀少。

沙苁蓉

Cistanche sinensis Beck

植物界Plantae	被子植物门Angiospermae	列当科Orobanchaceae	肉苁蓉属*Cistanche*

保护和濒危等级:

《中国生物多样性红色名录——高等植物卷》(2013)	近危 / NT
本区受威胁等级及评估标准	易危 / VU A2cd+3cd

特有性:中国特有种。

致危因素:过度利用,干旱。

保护价值:特有植物;药用植物。

本区分布:本区分布局限,分布区域多个,在阿拉善左旗、阿拉善右旗均有分布。

种群数量状况:本区种群数量少且呈减少趋势。

贺兰山女蒿
Hippolytia alashanensis (Ling) C. Shih

植物界Plantae	被子植物门Angiospermae	菊科Asteraceae	女蒿属*Hippolytia*

保护和濒危等级：

《中国生物多样性红色名录——高等植物卷》（2013）	数据缺乏／DD
本区受威胁等级及评估标准	易危／VU D2

特有性：贺兰山特有种。

致危因素：种群数量极少，干旱。

保护价值：特有植物，对植物分类、演化研究具有重要的科学价值；可作观赏植物。

本区分布：本区分布狭窄，仅阿拉善左旗（贺兰山）有分布。

种群数量状况：本区种群数量稀少。

阿拉善风毛菊

Saussurea alaschanica Maxim.

植物界Plantae	被子植物门Angiospermae	菊科 Asteraceae	风毛菊属*Saussurea*

保护和濒危等级：

《中国生物多样性红色名录——高等植物卷》（2013）	数据缺乏 / DD
本区受威胁等级及评估标准	易危 / VU D2

特有性：贺兰山和龙首山特有种，亦为中国特有种。

致危因素：种群数量稀少。干旱。

保护价值：特有植物，对植物分类、演化研究具有重要的科学价值；可作观赏植物。

本区分布：本区分布局限，分布区域2个，在阿拉善左旗（贺兰山）、阿拉善右旗（龙首山）均有分布。

种群数量状况：本区种群数量稀少。

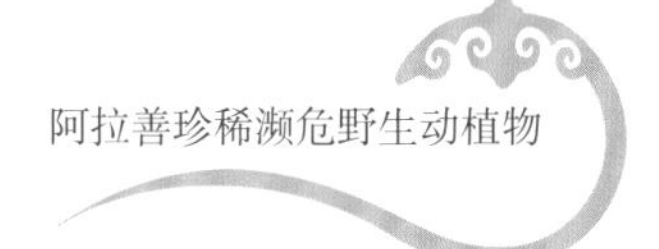

阿右风毛菊

Saussurea jurineoides H. C. Fu

植物界Plantae	被子植物门Angiospermae	菊科 Asteraceae	风毛菊属*Saussurea*

保护和濒危等级：

《中国生物多样性红色名录——高等植物卷》（2013）	未予评估 / NE
本区受威胁等级及评估标准	易危 / VU D2

特有性：贺兰山和龙首山特有种，亦为中国特有种。

致危因素：种群数量稀少，干旱。

保护价值：特有植物，对植物分类、演化研究具有重要的科学价值；可作观赏植物。

本区分布：本区分布局限，分布区域2个，在阿拉善左旗（贺兰山）、阿拉善右旗（龙首山）均有分布。

种群数量状况：本区种群数量稀少。

毓泉风毛菊

Saussurea mae H. C. Fu

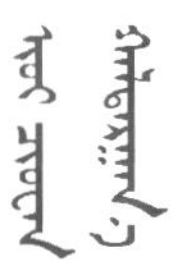

植物界Plantae	被子植物门Angiospermae	菊科 Asteraceae	风毛菊属*Saussurea*

保护和濒危等级：

《中国生物多样性红色名录——高等植物卷》（2013）	未予评估 / NE
本区受威胁等级及评估标准	易危 / VU A2ac；D2

特有性：龙首山特有种，亦为中国特有种。

致危因素：种群数量稀少，干旱，过度放牧。

保护价值：特有植物，对植物分类、演化研究具有重要的科学价值；可作观赏植物。

本区分布：本区分布狭窄，仅阿拉善右旗（龙首山）有分布。

种群数量状况：本区种群数量稀少。

百花蒿

Stilpnolepis centiflora (Maxim.) Krasch.

植物界Plantae	被子植物门Angiospermae	菊科Asteraceae	百花蒿属*Stilpnolepis*

达来／拍摄

保护和濒危等级：

《中国生物多样性红色名录——高等植物卷》（2013）	无危 / LC
本区受威胁等级及评估标准	易危 / VU B1ab（ⅱ，ⅲ）

特有性：南阿拉善和鄂尔多斯沙漠近特有种。

致危因素：干旱，过度放牧。

保护价值：特有单型属植物，对植物分类、演化研究具有重要的科学价值；固沙先锋植物；花香而美丽，可作观赏植物。

本区分布：本区分布广泛，分布区域2个，在阿拉善左旗（腾格里沙漠）、阿拉善右旗（巴丹吉林沙漠）均有分布。

种群数量状况：本区种群数量少。

达来／拍摄

达来／拍摄

达来／拍摄

贺兰芹

Helania radialipetala L. Q. Zhao *et* Y. Z. Zhao

保护和濒危等级：

《中国生物多样性红色名录——高等植物卷》（2013）	未予评估 / NE
本区受威胁等级及评估标准	易危 / VU　D2

特有性：贺兰山—罗山特有种，亦为中国特有种。

致危因素：种群数量极少，干旱。

保护价值：特有植物，单型属植物，对植物分类、演化研究具有重要的科学价值。

本区分布：本区分布狭窄，仅阿拉善左旗（贺兰山）有分布。

种群数量状况：本区种群数量稀少。

参考文献

蒋志刚. 2021a. 中国生物多样性红色名录 脊椎动物 第一卷 哺乳动物(上册). 北京：科学出版社.

蒋志刚. 2021b. 中国生物多样性红色名录 脊椎动物 第一卷 哺乳动物(中册). 北京：科学出版社.

蒋志刚. 2021c. 中国生物多样性红色名录 脊椎动物 第一卷 哺乳动物(下册). 北京：科学出版社.

蒋志刚, 江建平, 王跃招, 等. 2016. 中国脊椎动物红色名录. 生物多样性, 24(5): 500-551.

梁存柱, 朱宗元. 2017. 内蒙古贺兰山国家级自然保护区植物多样性. 银川: 宁夏人民出版社.

刘振生. 2015. 内蒙古贺兰山国家级自然保护区综合科学考察报告. 银川: 宁夏人民出版社.

覃海宁, 杨永, 董仕勇, 等. 2017. 中国高等植物受威胁物种名录. 生物多样性, 25(7): 696-744.

王跃招. 2021. 中国生物多样性红色名录 脊椎动物 第三卷 爬行动物(上册). 北京：科学出版社.

王志芳, 林剑声, 王晓雪, 等. 阿拉善鸟类图鉴. 福州: 海峡出版发行集团海峡书局.

旭日干. 2001-2016. 内蒙古动物志 第1-6卷. 呼和浩特: 内蒙古大学出版社.

张鹗, 曹文宣. 2021. 中国生物多样性红色名录 脊椎动物 第五卷 淡水鱼类(下册). 北京：科学出版社.

张雁云, 郑光美. 2021. 中国生物多样性红色名录 脊椎动物 第二卷 鸟类. 北京：科学出版社.

赵一之. 1992. 内蒙古珍稀濒危植物图谱. 北京: 中国农业科技出版社.

赵一之, 赵利清, 曹瑞. 2019. 内蒙古植物志 第1-6卷. 第三版. 呼和浩特: 内蒙古人民出版社.

中国植物志编辑委员会. 1959-2004. 中国植物志 第1-80卷. 北京: 科学出版社.

中华人民共和国濒危物种进出口管理办公室, 中华人民共和国濒危物种科学委员会. 2019. 濒危野生动植物种国际贸易公约附录Ⅰ、附录Ⅱ和附录Ⅲ. http://www.cites.org.cn [2018-12-11].

IUCN. 2022. IUCN Red List of Threatened Species. Version 2021-3. https://www.iucnredlist.org [2022-1-20].

中文名索引

拉丁名索引

A

B

C